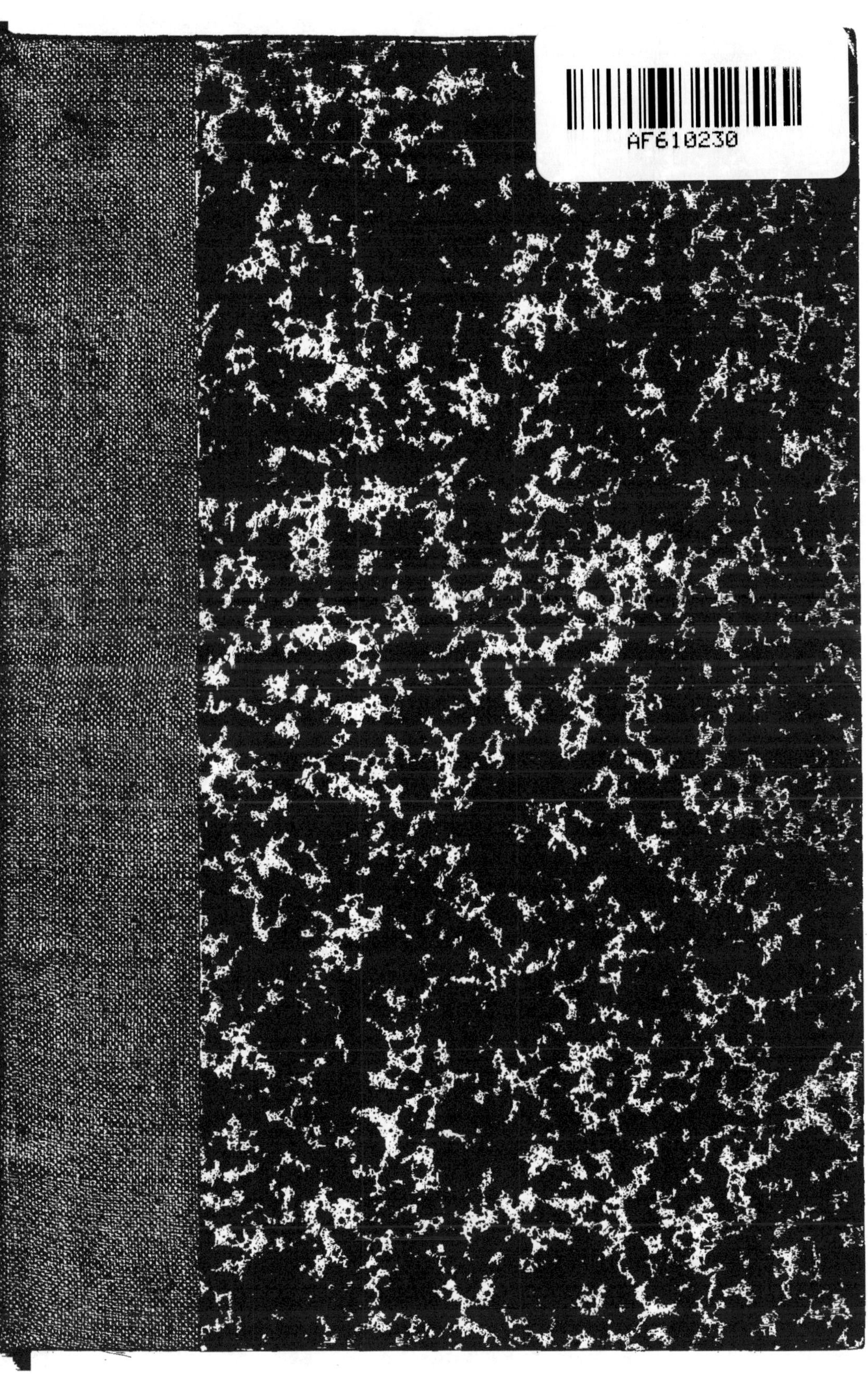

VOYAGE
AU PAYS DES CANICHES

OU

HISTOIRE DES CHIENS CÉLÈBRES

PAR Mlle Clarisse JURANVILLE

Oh, viens, dernier ami que mon pas réjouisse!
Lèche mes yeux mouillés, mets ton cœur près du mien,
Et, seuls pour nous aimer, aimons-nous, pauvre chien!

LAMARTINE.

LIBRAIRIE DE J. LEFORT

IMPRIMEUR ÉDITEUR

LILLE
RUE CHARLES DE MUYSSART, 24

PARIS
RUE DES SAINTS - PÈRES, 30

VOYAGE

AU PAYS DES CANICHES

Grand in-8°. 1re série.

VOYAGE
AU PAYS DES CANICHES

OU

HISTOIRE DES CHIENS CÉLÈBRES

PAR Mlle Clarisse JURANVILLE

AUTEUR

DU MANUEL D'ÉDUCATION MORALE ET D'INSTRUCTION CIVIQUE

ET DE DIVERS OUVRAGES RELATIFS A L'ENSEIGNEMENT

Oh! viens, dernier ami que mon pas réjouisse!
Lèche mes yeux mouillés, mets ton cœur près du mien,
Et, seuls pour nous aimer, aimons-nous, pauvre chien!

LAMARTINE.

CHIENS HISTORIQUES. CHIENS DE GUERRE.

CHIENS DE CHASSE. CHIENS DE GARDE. CHIENS DE BERGER.

CHIENS DE TERRE-NEUVE. CHIENS DE SIBÉRIE.

CHIENS DU MONT SAINT-BERNARD.

CHIENS SAVANTS.

LES CHIENS DANS LES ARTS. LES CHIENS ET LA POÉSIE.

LIBRAIRIE DE J. LEFORT

IMPRIMEUR ÉDITEUR

LILLE	PARIS
RUE CHARLES DE MUYSSART, 24	RUE DES SAINTS-PÈRES, 30

A

MADAME H. DE CHASSEVAL

Fidèle à ma maîtresse, en tous lieux sur ses pas,
Touché des soins qu'elle me donne,
Prêt à mordre tous ceux qui ne l'aimeraient pas,
Je n'ai pu mordre encor personne.

UN CANICHE.

PRÉFACE

Je me sers d'animaux pour instruire les hommes.
LAFONTAINE.

Quand nous lisons dans l'histoire les hauts faits de nos ancêtres, leurs travaux, leurs luttes gigantesques, nous éprouvons des sentiments de noble fierté; mais, hélas! il arrive parfois aussi qu'en parcourant les annales de l'humanité, nos cœurs se remplissent de tristesse, car nous y voyons tour à tour les grandeurs et les décadences des nations, les vertus et les vices des peuples, leurs errements et leur faiblesse. Dans l'histoire que nous allons raconter, il n'en sera pas de même : notre cœur n'aura rien à souffrir, nous n'aurons pas de larmes à verser si ce n'est des larmes d'attendrissement. Les acteurs que nous allons mettre en scène ont été doués par Dieu d'un instinct merveilleux dont nous savons tirer un excellent parti pour notre utilité et notre agrément; ils ont reçu en partage les meilleures qualités presque sans mélange de vices, et ils peuvent, dans un grand nombre de cas, nous donner de salutaires exemples. Oui, nous aimons à croire que ce livre exercera une bonne influence sur nos jeunes lecteurs, ils y verront des actes d'attachement, de fidélité, de dévouement, de désintéressement qui les toucheront et leur feront désirer de posséder eux-mêmes les qualités qu'ils admireront chez de simples animaux, et comme cet ouvrage constitue une *étude d'histoire naturelle*, qu'il comprend la monographie complète du chien, qu'il relate une foule de souvenirs historiques, de faits curieux et intéressants, l'instruction y aura la part à laquelle elle a droit, et, dès lors, le but que nous nous sommes proposé sera atteint : moraliser et instruire, parler à l'esprit et au cœur.

VOYAGE

AU PAYS DES CANICHES

DESCRIPTION DU CHIEN

Quoique, dans notre langue, le mot chien ait presque toujours un sens défavorable et soit employé comme terme de mépris (1), il n'en est pas moins vrai que l'animal portant ce nom n'a pas de détracteurs parmi nous. Tous les écrivains se plaisent à chanter ses louanges, à faire ressortir ses mérites, et cela se comprend : les autres animaux vivent en dehors de nous, ils sont employés à nos besoins, nous n'en usons que lorsqu'ils nous sont utiles ; mais il n'en est pas de même du chien : celui-ci est admis dans notre intimité, fait partie de la famille, en est le complément, et surtout il nous aime et nous l'aimons ! En échange des services qu'il rend à son maître, le chien partage son toit, sa table, ses joies et ses peines, aussi, comme je le disais tout à l'heure, entendez les auteurs s'exprimer sur le fidèle ami de l'homme, c'est à qui l'exaltera davantage, lisez plutôt : Le chien est le modèle, le véritable prototype de l'amitié. — Le chien n'a qu'une pensée, qu'un besoin, qu'une passion, c'est l'affection. — Il semble que la nature

(1) Quel chien de temps! de pays! C'est un chien, etc.

ait donné le chien à l'homme pour sa défense et son plaisir. — Le chien est le défenseur héroïque, le gardien vigilant de la propriété. — Le chien est le seul animal dont la fidélité soit à l'épreuve ; il connaît à la façon dont on le regarde si l'on est irrité contre lui et il obéit au simple coup d'œil, etc., etc. Nous ne pouvons oublier de citer ici la spirituelle boutade de Charlet faisant dire à un soldat : Ce qu'il y a de meilleur dans l'homme, c'est le chien, et la réflexion non moins maligne de Toussenel : Plus on apprend à connaître l'homme, plus on apprend à estimer le chien. C'est le même écrivain qui a dit encore à notre détriment et avec une ironique pitié : « Au commencement, Dieu créa l'homme, et le voyant si faible il lui donna le chien. Il chargea le chien de voir, d'entendre, de sentir et de courir pour l'homme. »

Mais l'écrivain qui a parlé du chien avec le plus d'admiration est Buffon. Il faut lire les pages émues et touchantes où le grand naturaliste le dépeint dans ce style noble, imagé, harmonieux que tout le monde connaît, et qui rendront immortels les tableaux d'animaux qu'il a tracés. Ecoutez cette voix éloquente et magistrale.

« Le chien, indépendamment de la beauté de sa forme, de la vivacité, de la force, de la légèreté, a par excellence toutes les qualités intérieures qui peuvent lui attirer les regards de l'homme. Un naturel ardent, colère, même féroce et sanguinaire, rend le chien sauvage redoutable à tous les animaux, et cède dans le chien domestique aux sentiments les plus doux, au plaisir de s'attacher et au désir de plaire ; il vient en rampant mettre aux pieds de son maître son courage, sa force, ses talents ; il attend ses ordres pour en faire usage, il le consulte, il l'interroge, il le supplie ; un coup d'œil suffit, il entend les signes de sa volonté. Sans avoir, comme l'homme, la lumière de la pensée, il a toute la chaleur du sentiment ; il a de plus que lui la fidélité, la constance dans ses affections : nulle ambition, nul intérêt, nul désir de vengeance, nulle crainte que celle de déplaire ; il est tout zèle, tout ardeur et tout obéissance. Plus sensible aux souvenirs des bienfaits qu'à celui des outrages, il ne se rebute pas par les mauvais traitements ; il les subit, les oublie, ou ne s'en souvient que pour s'attacher davantage : loin de s'irriter ou de fuir, il s'expose de lui-même à de nouvelles épreuves ; il lèche cette main, instrument de douleur, qui vient de le frapper ; il ne lui oppose que la plainte et la désarme enfin par la patience et la soumission.

» On peut dire que le chien est le seul animal dont la fidélité soit à l'épreuve ; le seul qui connaisse toujours son maître et les amis de la maison ; le seul qui, lorsqu'il arrive un inconnu, s'en aperçoive ; le seul qui entende son nom et qui reconnaisse la voix domestique ; le seul qui ne se confie point à lui-même ; le seul qui, lorsqu'il a perdu son maître, et qu'il ne peut le trouver, l'appelle par ses gémissements ; le seul qui, dans un voyage long qu'il n'aura fait qu'une fois, se souvienne du chemin et retrouve la route ; le seul enfin dont les talents naturels soient évidents et l'éducation toujours heureuse.

» Plus docile que l'homme, plus souple qu'aucun des animaux, non seulement le chien s'instruit en peu de temps, mais même il se conforme aux mouvements, aux manières, à toutes les habitudes de ceux qui lui commandent : il prend le ton de la maison qu'il habite ; comme les autres domestiques, il est dédaigneux chez les grands et rustre à la campagne. Toujours empressé pour son maître et prévenant pour ses seuls amis, il ne fait aucune attention aux gens indifférents, et se déclare contre ceux qui par état ne sont faits que pour importuner ; il les connaît aux vêtements, à la voix, à leur geste et les empêche d'approcher. Lorsqu'on lui a confié pendant la nuit la garde de la maison, il devient plus fier et quelquefois féroce ; il veille, il fait la ronde ; il sent de loin les étrangers, et pour peu qu'ils s'arrêtent ou tentent de franchir les barrières, il s'élance, s'oppose, et, par des aboiements réitérés, des efforts et des cris de colère, il donne l'alarme, avertit et combat : aussi furieux contre les hommes de proie que contre les animaux carnassiers, il se précipite sur eux, les blesse, les déchire, leur ôte ce qu'ils s'efforçaient d'enlever, mais, content d'avoir vaincu, il se repose sur les dépouilles, n'y touche pas, même pour satisfaire son appétit, et donne en même temps des exemples de courage, de tempérance et de fidélité.

» On sentira de quelle importance cette espèce est dans l'ordre de la nature, en supposant un instant qu'elle n'eût jamais existé. Comment l'homme aurait-il pu, sans le secours du chien, conquérir, dompter, réduire en esclavage les autres animaux? Comment pourrait-il encore aujourd'hui découvrir, chasser, détruire les bêtes sauvages et nuisibles? Pour se mettre en sûreté, et pour se rendre maître de l'univers vivant, il a fallu commencer par se faire un parti parmi les animaux, se concilier avec douceur et par caresses ceux qui se sont trouvés capables de s'attacher et d'obéir, afin de les opposer aux autres. Le premier art de l'homme a donc été l'éducation du chien, et le fruit de cet art la conquête et la possession paisible de la terre. Avoir gagné une espèce courageuse et docile comme celle du chien, c'est avoir acquis de nouveaux sens et les facultés qui nous manquent. Le chien, fidèle à l'homme, conservera toujours une portion de l'empire, un degré de supériorité sur les autres animaux; il leur commande, il règne lui-même à la tête d'un troupeau; il s'y fait mieux entendre que la voix du berger : la sûreté, l'ordre et la discipline sont les fruits de sa vigilance et de son activité; c'est un peuple qui lui est soumis, qu'il conduit, qu'il protège et pour lequel il n'emploie jamais la force que pour y maintenir la paix. Mais c'est surtout à la guerre, c'est contre les animaux ennemis ou indépendants qu'éclate son courage, et que son intelligence se déploie tout entière : les talents naturels se réunissent ici aux qualités acquises. Dès que le bruit des armes se fait entendre, dès que le son du cor ou la voix du chasseur a donné le signal d'une guerre prochaine, brillant d'une ardeur nouvelle, le chien marque sa joie par les plus vifs transports, il annonce par ses mouvements et par ses cris l'impatience de combattre et le désir de vaincre : marchant ensuite en silence, il cherche à reconnaître le pays, à découvrir, à surprendre l'ennemi dans son fort ; il recherche ses traces, il les suit pas à pas, et par des accents différents indique le temps, la distance, l'espèce, et même l'âge de celui qu'il poursuit.

» Intimidé, pressé, désespérant de trouver son salut dans la fuite, l'animal se sert aussi de toutes ses facultés, il oppose la ruse à la sagacité. Jamais les ressources de l'instinct ne furent plus admirables : pour faire perdre sa trace, il va, vient, et revient sur ses pas ; il fait des bonds, il voudrait se détacher de la terre et supprimer les espaces : il franchit d'un saut les routes, les haies ; passe à la nage les ruisseaux, les rivières : mais, toujours poursuivi, et ne pouvant anéantir son corps, il cherche à en mettre un autre à sa place ; il va lui-même troubler le repos d'un voisin plus jeune et moins expérimenté, le faire lever, marcher, fuir avec lui, et lorsqu'ils ont confondu leurs traces, lorsqu'il croit l'avoir substitué à sa mauvaise fortune, il le quitte plus brusquement encore qu'il ne l'a joint, afin de le rendre seul l'objet et la victime de l'ennemi trompé.

» Mais le chien, par cette supériorité que donnent l'exercice et l'éducation, par cette finesse de sentiment qui n'appartient qu'à lui, ne perd pas l'objet de sa poursuite ; il démêle les points communs, délie les nœuds du fil tortueux qui seul peut y conduire ; il voit de l'odorat tous les détours du labyrinthe, toutes les fausses routes où l'on a voulu l'égarer ; et loin d'abandonner l'ennemi pour un indifférent, après avoir triomphé de la ruse, il s'indigne, il redouble d'ardeur, arrive enfin, l'attaque, et, le mettant à mort, étanche dans le sang sa soif et sa haine. »

Après la prose, les vers. Ecoutons maintenant l'abbé Delille, le traducteur de Virgile et de Milton, parlant des animaux :

A leur tête est le chien, aimable autant qu'utile,
Superbe et caressant, courageux, mais docile.
Formé pour le conduire et pour le protéger,

Du troupeau qu'il gouverne il est le vrai berger.
Le Ciel l'a fait pour nous, et dans leur cœur rustique
Il fut des rois pasteurs le premier domestique.
Redevenu sauvage, il erre dans les bois:
Qu'il aperçoive l'homme, il rentre sous ses lois.
Et par un vieil instinct qui jamais ne s'efface,
Semble de ses amis reconnaître la race.
Gardant du bienfait seul le doux ressentiment,
Il vient lécher ma main après le châtiment;
Souvent il me regarde; humide de tendresse,
Son œil affectueux implore une caresse.
J'ordonne, il vient à moi; je menace, il me fuit;
Je l'appelle, il revient; je fais signe, il me suit;
Je m'éloigne, quels pleurs! je reviens, quelle joie!
Chasseur sans intérêt, il m'apporte sa proie.
Sévère dans la ferme, humain dans la cité,
Il soigne le malheur, conduit la cécité;
Et moi de l'Hélicon malheureux Bélisaire (1),
Peut-être un jour ses yeux guideront ma misère.
Est-il hôte plus sûr, ami plus généreux?
Un riche marchandait le chien d'un malheureux;
Cette offre l'affligea: « Dans mon destin funeste,
Qui m'aimera, dit-il, si mon chien ne me reste?
Point de trêve à ses soins, de borne à son amour,
Il me garde la nuit, m'accompagne le jour. »
Dans la foule étonnée on l'a vu reconnaître,
Saisir et dénoncer l'assassin de son maître,
Et quand son amitié n'a pu le secourir,
Quelquefois sur sa tombe il s'obstine à mourir.
Enfin le grand Buffon écrivit son histoire;
Homère l'a chanté, rien ne manque à sa gloire:
Et, lorsqu'à son retour le chien d'Ulysse absent
Dans l'excès du plaisir meurt en le caressant,
Oubliant Pénélope, Eumée, Ulysse même,
Le lecteur voit en lui le héros du poème.

Après ce concert de louanges, terminons en citant ces vers de Lamartine, que nous avons pris pour épigraphe, et qui se rapportent au caractère aimant du chien, aux affections douces qui le lient avec l'homme:

Oh! viens, dernier ami que mon pas réjouisse,
Lèche mes yeux mouillés, mets ton cœur près du mien,
Et, seuls pour nous aimer, aimons-nous, pauvre chien!

(1) Général sous Justinien, disgracié, privé de la vue et réduit à mendier. — Hélicon, mont de la Grèce consacré aux Muses.

RACES DE CHIENS

> Chez les naturalistes on nomme chiens un genre d'animaux de la classe des mammifères, de l'ordre des carnivores, de la famille des digitigrades.

Dans la langue scientifique, le mot chien a une signification beaucoup plus étendue que dans le langage vulgaire ; il sert à désigner non seulement l'espèce domestique, mais encore plusieurs espèces sauvages auxquelles nous sommes habitués à donner des noms distincts. Pour les zoologistes modernes, le genre chien, créé par Linné, est devenu, sous les diverses dénominations de *caniens*, *canidés* ou *vulpiens*, une division ou tribu particulière. Le genre Chien comprend le chien proprement dit, les loups et les renards. Tous ces animaux sont caractérisés par des particularités du système dentaire ; il se compose de quarante à quarante-deux dents, ainsi disposées : six incisives en haut et autant en bas ; deux canines à chaque mâchoire, douze molaires supérieures et de douze à quatorze inférieures.

Les caniens ont, en outre, leurs membres entièrement digitigrades, c'est-à-dire qu'en marchant ces animaux appuient sur le sol l'extrémité de leurs doigts. Leurs pieds de devant ont cinq doigts et ceux de derrière quatre ; leurs ongles sont propres à fouir ; leur vue est excellente ; leur ouïe fine, leur odorat d'une subtilité très grande ; ils mêlent des végétaux à leur nourriture animale et ils aiment la chair corrompue. Ce sont, en général, des animaux de taille moyenne, dont les proportions annoncent la force et l'agilité.

Le chien domestique (*canis familiaris* de Linné) se distingue des autres espèces de ce genre, dit M. Milne Edwards, le savant professeur au Museum, par sa queue recourbée, et varie d'ailleurs à l'infini par la taille, la forme, la couleur et la qualité du poil. Cet animal naît les yeux fermés et ne les ouvre que le dix ou le douzième jour. Les petits naissent au nombre de six à sept, et quelquefois douze. Dans ce même temps, les os du crâne ne sont pas achevés; le corps est bouffi, le museau gonflé, et la forme n'est pas encore bien dessinée; mais en moins d'un mois il apprend à faire usage de tous ses sens, et prend ensuite de la force et un prompt accroissement. La vie du chien est communément bornée à quatorze ou quinze ans. On en a vu cependant qui ont vécu jusqu'à vingt ans; on reconnaît son âge par les dents, qui sont, dans la jeunesse, blanches, tranchantes et pointues, et qui deviennent mousses, inégales et de couleur noire à mesure qu'il vieillit. Le chien a la langue douce, il lape en buvant.

Le chien est la conquête la plus complète que l'homme ait faite sur la nature; toute l'espèce est devenue notre propriété et l'on a même perdu la trace de son état primitif. Les chiens sauvages, que l'on trouve dans plusieurs contrées, sont des races domestiques qui ont recouvré leur indépendance depuis un certain nombre de générations, et repris par là quelques traits de l'espèce primitive. Des influences aussi puissantes que celles qui résultent de la diversité des climats, de la nourriture, etc., suffisent à peine pour expliquer les nombreuses modifications que le chien domestique a éprouvées, et qui forment ses différentes races : aussi quelques naturalistes pensent-ils que nos chiens n'avaient pas pour souche une seule espèce, mais qu'ils venaient d'espèces différentes qu'on ne peut plus reconnaître aujourd'hui à cause du mélange de leurs races. D'autres pensent que le chien est un loup ou un chacal apprivoisé; les chiens redevenus sauvages, dans des îles désertes, ne ressemblent cependant ni à l'un ni à l'autre. Ces chiens sauvages et ceux des peuples peu civilisés, tels que les habitants de la Nouvelle-Hollande, ont les oreilles droites, ce qui a fait croire que les races européennes les plus voisines du premier type sont notre *chien de berger*, ou notre *chien-loup*.

Selon Buffon, le chien de berger est le vrai chien de la nature, celui qu'on doit regarder comme la souche et le modèle de l'espèce entière. Transporté sur toutes les parties du globe où l'homme a établi son domicile, le chien domestique présente les races les plus variées. Frédéric Cuvier, dont la classification est la plus généralement admise, a établi trois groupes de chiens caractérisés par la forme osseuse de la tête : ce sont les *mâtins*, les *épagneuls* et les *dogues*.

I° *Mâtins*. — Ils ont le corps ordinairement de grande taille, la tête plus ou moins allongée, les oreilles courtes, courbées seulement vers le bout, quelquefois droites. On distingue quinze principales variétés de mâtins : 1° Mâtin ordinaire ou chien de boucher. 2° Grand Danois. 3° Danois moucheté. 4° Lévrier. 5° Chien de berger. 6° Chien du Mont Saint-Bernard ou chien des Alpes. 7° Chien de la Nouvelle-Irlande. 8° Chien marron d'Amérique. 9° Chien du cap de Bonne Espérance. 10° Dingo ou chien de la Nouvelle-Hollande. 11° Wah ou chien de l'Hymalaya. 12° Dhole ou chien des Indes orientales. 13° Quao; des montagnes de Ramghur dans l'Inde. 14° Chien de Sumatra. 15° Chien cralicer ou grand koupara. Petit koupara.

II° *Epagneuls*. — Les animaux de cette race sont moins grands que les mâtins ; ils ont le museau moins allongé, les oreilles longues, larges et pendantes. Dès leur naissance, les pariétaux s'écartent et se renflent de manière à agrandir la boîte crânienne. On en compte un très grand nombre de variétés : 1° Chien-loup. 2° Chien des Esquimaux. 3° Chien de la Chine. 4° Chien de Sibérie. 5° Alco ou techichi. 6° Epagneul français. 7° Petit épagneul, le pyrame de Buffon. 8° Bichon. 9° Chien-lion. 10° Gredin. 11° Petit barbet. 12° Epagneul frisé. 13° Epagneul anglais. 14° Chien anglais ou épagneul écossais. 15° Chien terrier ou renardier. 16° Terrier griffon. 17° Basset à jambes droites. 18° Basset à jambes torses. 19° Basset de Burgos. 20° Basset de Saint-Domingue. 21° Barbet ou caniche. 22° Petit barbet. 23° Barbet griffon ou chien anglais. 24° Griffon. 25° Chien de Terre-Neuve. 26° Chien courant. 27° Chien courant suisse. 28° Limier. 29° Chien d'arrêt. 30° Braque du Bengale.

III° *Dogues.* — Ces chiens se caractérisent par un museau court, un front saillant, une tête arrondie. Ils sont quelquefois de grande taille. Leur corps est bien musclé, leurs oreilles sont courtes et à demi-pendantes.

1° Grand dogue. 2° Dogue du Thibet. 3° Doguin. 4° Bouledogue. 5° Doglau. 6° Carlin ou mopse. 7° Chien d'Artois. 8° Chien d'Alicante ou de Cayenne. 9° Chien d'Islande. 10° Dogue anglais.

Chiens de chasse.

Les races de chiens de chasse sont nombreuses. Parmi les *Chiens d'arrêt* de race française, on cite : le braque, l'épagneul, le griffon, le barbet, le choupille. Les races dites anglaises sont le pointer, le setter, l'épagneul anglais. Les métis sont le chien orangé et le chien bleu. Le chien de Terre-Neuve, dressé pour la chasse, est excellent comme chien d'arrêt.

Les races de *Chiens courants* sont plus nombreuses encore ; nous trouvons : l'alan ou dogue, le mâtin, le corneau, le lévrier, le griffon, le chien de Saint-Hubert ou ardenais, le chien gris, le chien fauve, le chien bauld, le chien greffier, le chien de Saintonge et de Haut-Poitou, le chien d'Artois, le briquet, le houret, le chien normand, le basset à jambes droites et le basset à jambes torses, le griffon terrier. Les chiens anglais sont : le beagle et le bâtard normand.

LE CHIEN CHEZ LES JUIFS ET DANS L'ÉCRITURE SAINTE

De même que, dans le langage de l'Ecriture, le chien est le symbole du pécheur, de même son nom est souvent employé comme un terme de mépris et d'injure.

Lorsque David, armé d'un bâton et d'une fronde, se présente pour combattre Goliath : « Est-ceque tu me prends pour un chien, s'écrie le géant, puisque tu viens à moi avec un bâton ? » Et pour faire sentir à Saül que la persécution injuste qu'il souffrait de sa part, ne lui faisait à lui-même aucun honneur, David lui dit : « Qui persécutez-vous, roi d'Israël ? Vous persécutez un chien mort. » Job dit que, dans sa disgrâce, il était insulté par de jeunes gens aux pères desquels il n'aurait pas daigné auparavant confier le soin des chiens qui gardaient ses troupeaux.

On lit dans l'Apocalypse : « Qu'on laisse dehors les chiens, les empoisonneurs, les homicides et quiconque aime et pratique le mensonge, » et dans l'Ecclésiastique : « Quels rapports peut-il y avoir entre un chien et une âme sainte ? » Jésus-Christ engage ses disciples à ne pas jeter les choses saintes aux chiens, et répondant à la Chananéenne qui se prosterne à ses pieds et lui demande la guérison de sa fille, il lui adresse d'abord cette parole : « Il n'est pas bon de prendre le pain des enfants et de le jeter aux chiens. » Saint Paul donne le nom de chiens aux faux apôtres à cause de leur impudence et de leur avidité pour le gain sordide.

Ici deux souvenirs à propos de chiens dont il est parlé dans l'Histoire sainte.

Quand le jeune Tobie revenait sous le toit paternel, le petit chien, son compagnon, le précédait auprès du vieux Tobie et semblait, par ses caresses, témoigner sa joie au vieillard.

Lorsque le pauvre Lazare, couché à la porte du mauvais riche, attendait vainement de celui-ci les miettes de pain qui tombaient de sa table, les chiens, plus compatissants que cet homme au cœur dur, venaient auprès du misérable ; ils léchaient ses plaies, réchauffaient son corps glacé par le froid et le consolaient dans son abandon.

LES CHIENS ET LA MYTHOLOGIE

Au mont Etna, en Sicile, dit Elien, il y a un temple de Vulcain qui a des enceintes, des bois sacrés et un feu qui brûle toujours. Il y a aussi des *chiens sacrés* autour du temple et du bois ; ceux-ci, comme s'ils avaient de la raison, flattent de leur queue ceux qui approchent modestement et dévotement du temple et du bois, mordent, au contraire, et déchirent ceux dont les mains ne sont pas nettes, et chassent les hommes et les femmes qui y viennent dans un but profane.

Clément d'Alexandrie dit que le chien était consacré à Isis, une des divinités principales des Egyptiens, et que l'on représentait deux de ces animaux au fond du vase qui indiquait la crue du Nil pour désigner les deux hémisphères. Les Egyptiens sculptèrent en demi-relief des chiens sur la porte de leurs temples ; ils voulaient marquer par là la vigilance dont ces animaux sont le symbole, et que les princes doivent apporter dans le gouvernement.

Anubis (ce mot veut dire aboyeur), dieu égyptien, était représenté avec le corps d'un homme et la tête d'un chien. Anubis était un dieu des Enfers, il conduisait les âmes jusqu'à la porte de ce lieu.

Le soin de punir dans le Tartare les ombres des méchants fut confié par Pluton aux trois Furies.

L'entrée des Enfers était gardée par *Cerbère*, chien à trois têtes, qui veillait jour et nuit. Une tête veillait pendant que les deux autres dormaient.

Erigone, fille d'Icarius, apprit la mort de son père par le chien de celui-ci, appelé *Mera,* qui allait aboyer continuellement sur le tombeau de son maître. Jupiter métamorphosa la chienne Mera en une constellation (1) qu'on appelle la *Canicule.*

En astronomie, on nomme *Grand Chien* ou simplement Chien, la constellation de l'hémisphère austral à laquelle appartient

Cerbère.

Sirius ou la Canicule, l'étoile la plus brillante du ciel. On appelle *Petit Chien* une autre constellation de l'hémisphère boréal, dont la principale étoile est Procyon ; et enfin on connaît sous le nom de *Chien de chasse,* la petite constellation boréale placée entre la grande Ourse et le Bouvier et comprenant l'étoile appelée *Cœur de Charles II.*

(1) On appelle constellation un groupe d'étoiles présentant une figure quelconque et ayant un nom particulier.

Sur les médailles, le chien est le symbole commun de la fidélité. Il est sur la médaille d'Ulysse parce qu'il le fit reconnaître à son retour à Ithaque. On le donne à Mercure à cause de sa vigilance et de son industrie à découvrir ce qu'il cherche. Diane, la déesse de la chasse, est toujours représentée ayant ses lévriers auprès d'elle. Quand le chien est auprès d'une coquille, il marque la ville de Tyr où le chien d'Hercule, ayant mangé des *murex*, revint le nez teint de pourpre et fit ainsi connaître cette belle couleur. On immolait le chien à Hécate, à Mars et à Mercure.

La saison de l'année appelée automne est représentée sous l'emblème d'un jeune homme tenant d'une main une corbeille de fruits et caressant un chien de l'autre. Le chien était aussi un attribut des dieux Lares.

Disons, en terminant, qu'en Egypte, lorsqu'un chien mourait dans quelque maison, tous les domestiques se faisaient raser et en marquaient leur deuil. Les Romains, en revanche, avaient pris cet animal en aversion, depuis que les chiens auxquels était confiée la garde du Capitole avaient failli le laisser surprendre par les Gaulois. Tous les ans, ils avaient coutume d'en faire mettre un en croix, tandis qu'on promenait en triomphe par la ville une oie que l'on avait placée dans une litière, et que l'on entourait d'hommages, en mémoire du service que cet animal avait rendu aux Romains, en suppléant à la surveillance fautive des chiens.

LE CHIEN DANS LES ARTS

Sculpture et peinture.

Les Grecs et les Romains déployaient une grande habileté dans la représentation des chiens comme en général dans celle de tous les animaux. Simon d'Egine avait sculpté un chien que l'on citait au nombre des plus beaux ouvrages de l'art grec.

On voit au musée du Vatican, dans la salle des animaux, plusieurs groupes et statues de chiens d'une exécution très remarquable. Vinckelman fait observer que les artistes byzantins représentèrent saint Christophe avec une tête de chien, comme le dieu Anubis, pour rappeler que ce saint était du pays des Cynocéphales.

Les monuments de l'art chrétien primitif montrent le Bon Pasteur accompagné d'un chien. Cet animal a été donné aussi pour attribut à saint Bernard, saint Blaise, saint Clément, saint Dominique, à saint Hubert le chasseur, à saint Roch le pèlerin et aux bergères sainte Geneviève, sainte Solange, etc. Le chien couché aux pieds de la statue funéraire du cardinal d'Amboise fait allusion au dévouement du célèbre ministre pour Louis XII.

Les peintres et les sculpteurs modernes qui ont fait preuve de talent dans l'art de représenter les chiens sont nombreux. Le Titien, Paul Véronèse, le Tintoret et bien d'autres maîtres italiens, aimaient à placer de superbes lévriers ou des épagneuls dans leurs compositions. En Allemagne, Albert Dürer a placé un lévrier endormi dans sa célèbre estampe de la Mélancolie, et un épagneul dans celle intitulée le Chevalier, la Mort et le Diable. Rubens, dont le talent fut universel, a peint des chiens qui sont des merveilles de couleur ; toutefois, il eut recours le plus souvent à la collaboration de Snyders, lorsqu'il voulut placer des animaux dans ses compositions.

L'école française a produit des peintres de chiens qui ne le cèdent aux maîtres d'aucun pays. Desportes et Oudry doivent être cités entre tous : Desportes fut le *portraitiste* officiel des meutes de Louis XIV, et, après avoir rempli quelque temps le même emploi à la cour de Louis XV, il eut Oudry pour successeur.

Parmi les artistes contemporains qui ont le mieux modelé les chiens, nous citerons MM. Frémiet, Mène, Wolf de Berlin,

Moigniez, etc. Parmi les peintres a droit à une mention spéciale M. Jadin : il semble avoir pris pour devise cette légende d'une caricature de Charlet : « Ce qu'il y a de meilleur dans l'homme, c'est le chien. » Bien qu'aux yeux inattentifs, les animaux d'une même race semblent tous les mêmes, chacun des chiens portraités par M. Jadin a sa physionomie et son caractère : celui-ci est bon enfant, celui-là est grognon, cet autre est philosophe, et ainsi de suite. Après M. Jadin, les chiens de chasse n'ont pas de meilleur portraitiste que M. Joseph Melin.

Descamps a fait quelques tableaux de chiens qui, comme toutes les œuvres de ce maître, ont été admirés pour la beauté de la couleur, l'esprit de la composition et la vérité des détails : il réussissait particulièrement à peindre les chiens bassets aux jambes torses, à l'allure déjetée.

Courbet a peint un chien forçant un lièvre, et une belle meute de chiens courants dans sa grande *chasse au cerf*.

L'école belge contemporaine a un peintre de chiens de première force, ce peintre est M. Joseph Stevens. L'Allemagne possède MM. Krüger, Benoît Adam ; la Hollande M. Kuneaus ; l'Italie M. Palizzi, et enfin l'Angleterre MM. Mulready et Landseer. Dans le tableau, *le choix de la robe de noce*, M. Mulready a peint un king's-charles endormi, roulé en boule, la tête sur ses pattes comme sur un coussin et balayant la terre de ses longues oreilles soyeuses ; le museau court, le front bombé, des taches de feu au-dessus de l'œil. Tous les signes caractéristiques de cette race, devenue à la mode, sont rendus avec une vérité et une perfection surprenantes. Eveillez-le, il aboiera.

A l'Exposition universelle de 1855, on a admiré de M. Landseer : *les chiens au coin du feu, le Déjeuner* (Cinq chiens de race et de poils différents, entourant un baquet rempli de pâtée).

Jupiter (tableau de Jadin).

PROVERBES ET LOCUTIONS PROVERBIALES SE RAPPORTANT AU CHIEN

La langue française est riche en expressions figurées dans le style familier. Sous le nom de proverbes et d'expressions proverbiales, elle possède une foule de maximes pleines de sel et de bon sens, des comparaisons piquantes, des métaphores hardies, des apologues courts et précis renfermant en quelques mots tout l'agrément d'une fable entière.

Nous réunissons ici les principaux proverbes où il est parlé du chien, et nous ferons remarquer que ce fidèle ami de l'homme y est presque toujours maltraité. On lui donne tous les torts, on lui prête tous les vices ; son nom est pris en mauvaise part. Comment ce mot de chien est-il devenu une injure? Mystère... Les Turcs mêmes, sans être en colère, disent par une horreur mêlée au mépris : les chiens de chrétiens. Autrefois, la populace anglaise, quand elle voyait passer un homme qui par son maintien et son habit avait l'air d'être né sur les bords de la Seine ou de la Loire, l'appelait communément chien de Français. Cela dit, entrons en matière :

Ne valoir pas les quatre fers d'un chien. — C'est n'avoir aucune espèce de valeur, puisque les chiens n'ont pas de fer.

L'hôpital n'est pas fait pour les chiens. — L'hôpital est fait pour les hommes ; dès lors, il n'y a pas de déshonneur à y entrer. Oui, mais ajoutons bien vite qu'il est préférable de travailler et d'acquérir une position qui permette de ne pas avoir recours à ces maisons de refuge. L'hôpital n'est une ressource honorable que pour celui qui a eu des malheurs immérités, et qui n'a pu, malgré son travail et sa bonne conduite, amasser quelque argent et se garantir de la misère dans ses vieux jours.

Battre le chien devant le loup. — Réprimander d'une manière adroite une personne devant une autre, afin que celle-ci en prenne sa part et en fasse son profit.

Promettre à quelqu'un un chien de sa chienne. — Avoir en réserve une vengeance de sa façon et qu'on s'empressera d'exercer dès que l'occasion s'en présentera.

Bon chien chasse de race. — Les enfants héritent ordinairement des qualités et des défauts de leurs parents. Cela est si vrai qu'il se produit un grand étonnement dans la société quand des enfants, ayant reçu de leurs ancêtres un héritage de vertu et d'honneur, dégénèrent et déshonorent le nom qu'ils ont reçu. « Tout bon chien chasse de race, mon cousin, vous voyez comme fait déjà notre petit Rabutin. » (Mme DE SÉVIGNÉ.)

Jamais à un bon chien il ne vient un bon os. — Ce n'est pas au mérite qu'échoient les bonnes fortunes ; souvent les emplois ne sont pas pour ceux qui pourraient le plus dignement les remplir.

Un chien regarde bien un évêque. — Donc un homme peut regarder un de ses semblables, quel qu'il soit, sans que celui-ci puisse en être choqué.

Se regarder en chiens de faïence. — Etre froid en présence de quelqu'un, ne pas lui parler et se regarder avec des yeux fixes et irrités. C'est une allusion aux figurines en poterie que l'on voyait autrefois sur les pilliers des portes ou sur les côtés des cheminées, et qui représentaient souvent des têtes de chien menaçantes tournées l'une vers l'autre.

C'est saint Roch et son chien. — Se dit de deux personnes qui ne se quittent pas, qu'on voit souvent ensemble. Dans les images représentant saint Roch, on le voit ayant un chien à ses côtés.

Entre chien et loup. — A la tombée du jour, au moment du crépuscule, quand il n'est pas facile de distinguer un chien d'avec un loup.

Quand on veut noyer son chien on l'accuse de la rage. — Quand on veut rompre avec quelqu'un, on lui cherche des querelles d'Allemand, on lui impute des fautes imaginaires, et lorsqu'on veut se défaire d'une chose, on la déprécie.

N'être pas bon à jeter aux chiens. — N'avoir aucun mérite, aucune valeur. On ne me trouve pas bonne à jeter aux chiens, dit Mme de Sévigné dans une de ses lettres. Il faut avouer que ceux qui pensaient semblable chose de la belle et spirituelle marquise étaient bien difficiles.

Mourir comme un chien. — C'est mourir sans foi ni loi, en impie, sans recevoir les sacrements de l'Eglise.

Qui m'aime aime mon chien ou *qui aime Bertrand aime son chien.* — D'une personne aimée tout doit être cher; on a de l'attention pour tout ce qui lui appartient ; ses intérêts sont les nôtres.

Il est comme le chien du jardinier. — Ce chien-là ne mange point de choux et ne veut pas en laisser manger aux autres, se dit d'un envieux, d'un jaloux qui ne veut laisser profiter personne d'une chose qui ne lui sert point à lui-même.

Faire son chien couchant. — Faire sa cour, flatter et ne pas reculer même devant une bassesse pour obtenir des faveurs.

Etre reçu comme un chien dans un jeu de quilles. — Etre fort mal reçu comme l'est un chien quand il vient se jeter au milieu des quilles et troubler le jeu.

Il ne faut pas tuer son chien pour une mauvaise année, ni abandonner une affaire pour une seule traverse, ni se décourager après un premier échec.

Il n'est chasse que de vieux chiens. — Il n'est telle que l'expérience acquise par les vieillards pour faire réussir une entreprise.

C'est une charrue à chien. — C'est une association où l'on ne fait rien d'utile et de profitable.

Le chien en vie vaut mieux que le lion mort. — La vie est le plus grand des biens ; une personne morte n'a plus de valeur. Entendons-nous, elle vaut encore beaucoup si elle laisse après elle un nom sans tache et le souvenir de ses bienfaits et de ses mérites.

Chien hargneux a toujours l'oreille déchirée. — Le querelleur finit toujours par recevoir quelque horion, quelque avanie.

Etre comme un chien à l'attache. — Avoir un emploi qui ne vous donne aucune liberté, aucun loisir.

Vivre comme chien et chat. — Vivre dans des disputes continuelles, avoir des caractères dissemblables, ne pouvoir s'accorder en rien.

Jeter sa langue aux chiens. — C'est renoncer à comprendre, à deviner une chose. « Ne sauriez-vous le deviner? Jetez-vous votre langue aux chiens? » (Mme DE SÉVIGNÉ.)

Jeter un os à la gueule d'un chien pour le faire taire. — Employer des moyens pour empêcher un homme de nous nuire dans ses paroles, d'entraver nos projets; en un mot, acheter son silence.

Ecorcher son chien pour en avoir la peau. — C'est sacrifier une chose de valeur pour une chose qui n'en a aucune.

Leurs chiens ne chassent pas ensemble. — Ils vivent en désaccord, ils ne peuvent s'entendre et n'ont pas de sympathie l'un pour l'autre.

C'est un chien qui aboie à la lune. — C'est un homme qui s'attaque inutilement à plus fort que lui.

On dit d'un homme peu serviable, qui ne fait rien de ce qu'on désire, qu'il *ressemble au chien de Jean de Nivelle qui s'enfuit quand on l'appelle;* et d'un homme maigre qu'*il a été à Saint-Malo, les chiens lui ont mangé les os.* Voir l'origine de ces dictons aux *Chiens historiques.*

LES CHIENS DE GUERRE

Les chiens n'ont pas été seulement utilisés pour la garde des troupeaux et pour la chasse, on leur a appris à combattre l'homme lui-même. L'emploi de ces animaux dans les armées remonte aux temps anciens ; ils formaient, avec les oies, une garnison permanente au Capitole. Mais cette circonstance leur fait peu d'honneur ; car, lors de l'attaque de cette citadelle par les Gaulois, leur vigilance fut mise en défaut, et les oies seules donnèrent l'éveil. C'est en raison de ce fait qu'on promenait tous les ans, à Rome, une oie placée sur un palanquin à côté d'un chien crucifié ; c'est aussi pour cela que l'allocation payée par le trésor public pour l'entretien des chiens du Capitole fut transportée aux oies qui s'étaient si noblement conduites. Les chiens du Capitole formaient ce qu'on pourrait appeler un guet *assis;* il y en avait d'autres qui, réunis en troupe, prenaient la campagne et formaient un corps de combattants. Polyen cite Agésilas qui, assiégeant Mantinée et voulant interdire à ses alliés, qui servaient à regret dans son armée, toute communication avec les assiégés, établit des postes de chiens chargés de surveiller les abords du camp. Beaucoup de peuples dressaient les chiens à éventer les embuscades, et Pline raconte que le roi des Garamantes, chassé du trône, ne parvint à le reconquérir qu'aidé par une troupe de deux cents chiens. Pline était d'ailleurs grand partisan de ces utiles auxiliaires, qui, disait-il, une fois engagés, ne lâchaient plus prise, ne fuyaient jamais devant l'ennemi, et n'étaient point exigeants sur l'article des honneurs, de l'avancement et de la solde. Des peuples anciens, l'usage des chiens de guerre se répandit sur ceux du moyen âge. L'histoire d'Angleterre est pleine de récits des grandes batailles dans lesquelles les chiens d'Ecosse jouent un rôle important. Henri VIII, envoyant une armée auxiliaire à Charles-Quint pour l'aider à combattre François Ier, mit à la solde du monarque espagnol quatre cents chiens anglais. Ailleurs, on les faisait combattre contre la cavalerie ou contre des chiens appartenant aux armées ennemies. Ce fut surtout en Amérique que les Espagnols se servirent des chiens d'une manière cruelle. Ils nourrissaient, dit-on, ces animaux, de chair humaine, et les lançaient à la poursuite des Indiens fugitifs : le régiment de chiens de Vasco Nunez étrangla à lui seul plus de deux mille de ces malheureux. Au combat de Caxamalea, les chiens de l'armée de Pizarre se comportèrent si vaillamment que la cour d'Espagne, reconnaissante de leurs exploits, décréta qu'il leur serait servi une solde payée régulièrement comme celle des autres troupes.

Les Français aussi se sont servis de chiens pour la guerre; l'expédition de Saint-Domingue en renouvela l'essai, mais il ne fut pas heureux : les chiens dévorèrent les soldats français blessés, au lieu de fondre sur les noirs. Au reste, l'emploi de ces animaux comme combattants excita toujours un sentiment de vive répugnance dans notre pays, où l'on se bat à découvert et en face du danger. Mais si le sentiment national se révolte à la seule idée de l'emploi du chien comme animal de guerre, rien ne l'empêche de l'utiliser différemment, par exemple comme *sentinelle*. C'est ainsi qu'en Algérie tous les moyens de réprimer les attaques et les vols nocturnes des Arabes ayant échoué, on imagina, pour garantir les postes de toute surprise, de créer un corps de chiens sentinelles. En 1836, une meute fut formée; elle se composait de quarante chiens, qui furent répartis aux divers avant-postes de la ville de Bougie. On les avait dressés à aboyer à la vue d'un burnous, et, du plus loin qu'ils en apercevaient un, ils attiraient l'attention des hommes. Ils rendirent de cette façon d'utiles services.

SOTER,
LE DÉFENSEUR ET LE SAUVEUR DE CORINTHE

Plusieurs villes de l'ancienne Grèce étaient dans l'usage de confier la garde des châteaux et places fortes à des dogues, et il n'y avait point à craindre de trahison de leur part comme on voit si fréquemment parmi les hommes. Cinquante de ces vigoureux animaux, répartis sur différents points, gardaient à Corinthe un poste avancé sur les côtes de la mer.

Les Corinthiens étaient en guerre avec une république voisine; l'ennemi profita d'un jour de fête où la garnison, après s'être livrée à la bonne chère, se trouvait absorbée par le vin et le sommeil. Il fit une attaque d'autant plus dangereuse qu'une nuit très sombre la favorisait. Il n'éprouva aucune résistance excepté celle des cinquante chiens qui combattaient avec acharnement et qui furent tués, hormis un seul, surnommé Soter depuis cette époque.

Guidé par un instinct merveilleux, cet animal ne s'obstina pas à lutter contre des forces supérieures; il se retira à temps et courut donner l'alarme dans les corps de garde éloignés. Aboyant de toutes ses forces, mordant vivement les ivrognes qui ronflaient, tirant les autres par leur vêtement, il parvint enfin à réveiller les soldats. La générale bat, on se rassemble, on allume des flambeaux et l'on court sur les assaillants qui fuient à pas précipités et tombent la plupart dans la mer en regagnant leurs vaisseaux.

Pour récompenser un service de cette importance, les Corinthiens, par un plébiscite, ordonnèrent que Soter serait nourri aux dépens du public et qu'il porterait un collier d'argent avec les mots suivants gravés dessus :

LE DÉFENSEUR ET LE SAUVEUR DE CORINTHE.

On érigea en outre dans la citadelle une colonne en marbre, autour de laquelle étaient figurés, pareillement en marbre, les quarante-neuf compagnons de Soter, et ce vigoureux chien lui-même donnant l'alerte à la garnison.

LE CHIEN D'ALEXANDRE LE GRAND

Alexandre, ce fameux conquérant, qui remplit l'univers de ses exploits, fut si fâché de la mort prématurée d'un chien chéri qu'il fit bâtir en son honneur la ville de Périte avec des temples. Ce qui excita de si vifs regrets dans le héros macédonien, c'était surtout la vaillance de ce chien qui lui avait été donné, au moment de son départ pour l'Inde, par le roi d'Albanie. Cette bête ne craignit point de se mesurer un jour, en présence de son maître, contre un éléphant. Il le harcela avec tant de feu, il s'anima d'une si vive colère, il revint à la charge si longtemps avec une telle audace, que l'éléphant n'y put résister. Désespéré qu'un adversaire si inégal en force et en corpulence osât ainsi lui tenir tête, il se jeta à terre comme une masse et mourut de la chute.

BON VOYAGE, CHER DUMOLLET

Bon voyage,
Cher Dumollet;
A Saint-Malo débarquez sans naufrage.
Bon voyage,
Cher Dumollet,
Et revenez si le pays vous plaît.

Pour comprendre le sens de cette chanson, il faut savoir qu'on accusait autrefois les chiens de Saint-Malo de s'attaquer aux mollets des voyageurs. Un vieux proverbe disait à ce propos, d'un homme à jambes maigres : Il a été à Saint-Malo. Voici la vérité à ce sujet :

Vers le milieu du XIIe siècle, des bouledogues furent dressés à la garde des navires, qui, demeurant à sec sur la vase, étaient exposés aux maraudeurs. Renfermés pendant le jour, les chiens étaient lâchés le soir et faisaient une ronde sévère jusqu'au matin où le son d'une trompette de cuivre les rappelait sous la garde du *chiennetier*. Le zèle de ces terribles gardiens ne se démentit jamais, il devint même excessif, et malheur aux jambes de quiconque tentait de s'introduire dans la cité malouine!

En 1770, un officier de marine, débarqué de nuit, ayant voulu forcer le passage, fut attaqué par les chiens. A l'aide de son épée, l'officier se défendit d'abord vaillamment, mais bientôt il fut impuissant contre ses ennemis acharnés. A moitié dévoré, il se jeta à la mer; les chiens le suivirent et le mirent en pièces. Après cette mort affreuse, la municipalité de Saint-Malo renonça à sa féroce garnison et s'en défit par le poison.

CHIENS EMPLOYÉS CONTRE LA CAVALERIE

Stratagème de guerre.

Dans un manuscrit du XIVe siècle, rapporté de Constantinople à Paris et conservé à la bibliothèque nationale, on voit la description d'un singulier stratagème de guerre, il y est dit ceci :

Pour mettre en fuite les chevaux et les cavaliers, on élève des chiens vulgairement appelés dogues, et on les dresse à mordre l'ennemi avec fureur. Il convient que ces chiens soient bardés de cuir pour deux raisons : d'abord afin que le feu qu'ils portent dans un vase d'airain ne les blesse pas, et ensuite afin qu'ils soient moins exposés aux coups des hommes d'armes, quand le cheval a fui sous l'aiguillon de la douleur. Ce vase d'airain, enduit d'une substance résineuse et garni d'une éponge imbibée d'esprit-de-vin, produit un feu très ardent. Les chevaux, harcelés par les morsures des chiens et par les brûlures de ce feu, fuient en désordre. Telle est la guerre des chiens contre les cavaliers.

LE CHIEN MUSTAPHA

pensionné par un roi.

Mustapha, lévrier alerte et vigoureux, appartenait à un artilleur de *Dublin*. Nourri, dès sa naissance, au milieu des camps, il accompagnait toujours son maître, et ne témoignait aucune frayeur au milieu des combats. Dans les actions les plus meurtrières, il restait près du canon et tenait la mèche à sa gueule.

Lors de la mémorable bataille de Fontenoy, en 1745, où le maréchal de Saxe battit les Anglais et les Autrichiens, le maître de Mustapha fut atteint d'un coup mortel. Au moment où il allait tirer sur l'ennemi, il fut renversé ainsi que la plupart de ses camarades par une décharge d'artillerie.

Voyant son maître étendu mort et tout sanglant, le lévrier pousse des hurlements plaintifs, et comme en ce moment un corps de Français s'avance à grands pas pour s'emparer de la pièce pointée sur eux, Mustapha — qui pourrait le croire si le fait n'était attesté par des témoins dignes de foi? — Mustapha, dis-je, afin sans doute de venger son maître, se saisit de la mèche encore allumée entre ses mains et met le feu au canon chargé à mitraille. Soixante-dix hommes tombent à l'instant et le reste prend la fuite.

Après ce coup hardi, le chien va se coucher tristement auprès du cadavre de son maître, il lèche ses blessures et reste ainsi plus de vingt heures sans boire ni manger. Des camarades du canonnier peuvent à grand'peine emmener le fidèle et courageux lévrier. Il fut ramené à Londres et présenté au roi Georges II, qui lui donna une pension alimentaire comme à un brave serviteur.

SOLDATS! PRENEZ GARDE A VOUS!

Un officier français au 14e régiment de dragons, en garnison à Dusseldorff, ville de la Prusse rhénane, avait une chienne de chasse du nom de Diane. Les gardes d'écurie avaient été maintes et maintes fois à même de remarquer que lorsqu'un voisin, poussé par la gourmandise, allongeait le nez vers la mangeoire ou le râtelier du cheval de son maître, elle ne manquait jamais de rappeler le gourmand au respect de la propriété privée.

L'escadron reçut l'ordre de rejoindre l'armée. Dans une reconnaissance contre les Autrichiens, l'officier fut fait prisonnier, et Diane, qui ne quittait jamais l'escadron, eut le même sort. Arrivé à sa destination, il se trouva en compagnie de divers autres officiers comme lui. Fort peu de temps après, connaissance étant faite, et elle se fait vite entre militaires, surtout dans cette position, deux autres officiers se joignirent à lui pour comploter une évasion et une belle nuit on partit, l'œil ouvert et l'oreille au guet. Il n'est pas besoin de dire que Diane fut de la partie. Quoique l'on ne marchât que de nuit, on fut néanmoins dans le cas de faire de fâcheuses rencontres : on se jetait alors à droite et à gauche de la route pour se cacher. Diane, quoique de très bonne garde, se couchait à côté de son maître, et, prévenue par un « chut » de sa part, ne bougeait pas. L'alerte passée, on se remettait en route. Après trois ou quatre malencontreuses rencontres, la chienne, qui n'avait cessé de rester à côté des fugitifs, prit les devants, et deux fois on la vit revenir à toutes pattes, jappant tout bas, de manière à n'être entendue que de ses compagnons. Quelques instants après, on fut obligé de se cacher. Cette conduite de la chienne attira l'attention des officiers, et après quelques nouvelles rencontres, on reconnut qu'il s'écoulait au moins une dizaine de minutes entre l'avertissement que la chienne donnait à son retour et l'alerte. On fut alors convaincu que la bonne bête s'était de son propre mouvement érigée en avant-garde et en éclaireur et assurait ainsi la marche des fugitifs. Depuis ce moment, on eut toute confiance en elle, et il en fut ainsi jusqu'au jour où les prisonniers eurent atteint le but qu'ils s'étaient proposé, la liberté. Chacun tira alors de son côté.

LE CHIEN DU LOUVRE

A l'attaque du Louvre, le 29 juillet 1830, un ouvrier tomba frappé d'une balle. Le chien qui l'accompagnait resta près du corps de son maître et ne voulut pas le quitter. Il suivit le corbillard au cimetière et, durant plusieurs semaines, le fidèle animal disparaissait le matin et revenait le soir passer la nuit et gémir près de celui qu'il aimait. Un jour le gardien de la nécropole trouva le chien mort sur la tombe de son maître ; il était mort de douleur !

C'est ce fait touchant qui a été chanté en vers par notre poète célèbre, Casimir Delavigne.

Passant, que ton front se découvre !
Là, plus d'un brave est endormi :
Des fleurs pour le martyr du Louvre,
Un peu de pain pour son ami !

C'était le jour de la bataille,
Il s'élança sous la mitraille ;
Son chien suivit.
Le plomb tous deux vint les atteindre,
Est-ce le maître qu'il faut plaindre ?
Le chien survit.

Morne, vers le brave il se penche,
L'appelle et de sa tête blanche
Le caressant,
Sur le corps de son frère d'armes
Laisse couler ses grosses larmes
Avec son sang.

Des morts voici le char qui roule ;
Le chien respecté par la foule
A pris son rang,
L'œil abattu, l'oreille basse,
En tête du convoi qui passe
Comme un parent.

Gardien du tertre funéraire,
Nul plaisir ne peut le distraire
De son ennui;
Et fuyant la main qui l'attire,
Avec tristesse il semble dire :
« Ce n'est pas lui ! »

Quand sur ces touffes d'immortelles
Brillent d'humides étincelles
Au point du jour,
Son œil se ranime, il se dresse,
Pour que son maître le caresse
A son retour.

Au vent des nuits, quand la couronne
Sur la croix du tombeau frissonne,
Perdant l'espoir,
Il veut que son maître l'entende;
Il gronde, il pleure, et lui demande
L'adieu du soir.

Avant de fermer la paupière,
Il fait pour relever la pierre
Un vain effort.
Puis il se dit, comme la veille :
« Il m'appellera s'il s'éveille. »
Puis il s'endort.

C'est là qu'il attend d'heure en heure,
Qu'il aime, qu'il souffre, qu'il pleure,
Et qu'il mourra.
Quel fut son nom? c'est un mystère;
Jamais la voix qui lui fut chère
Ne le dira.

Passant, que ton front se découvre!
Là, plus d'un brave est endormi :
Des fleurs pour le martyr du Louvre,
Un peu de pain pour son ami!

LE CHIEN DU RÉGIMENT

De mon vieux compagnon de gloire,
Il a fallu me séparer.
En vous racontant son histoire,
Je sens encor mes yeux pleurer!
Des amis il fut le modèle.
Sans en avoir fait le serment,
A l'infortune il fut fidèle
Le chien du régiment.

En Egypte il reçut la vie;
Un obusier fut son berceau.
Aux champs de la belle Italie,
Il suivit aussi mon drapeau.
Partageant notre ardeur guerrière,
Sans reprendre haleine un moment,
Il parcourut l'Europe entière
Le chien du régiment!

A Brienne, la destinée
Nous a séparés pour jamais.
Ainsi sa dernière journée
Fut un de nos derniers succès.
Plus tard, de la France envahie
Il aurait vu l'abattement!
A temps il a perdu la vie
Le chien du régiment!

CARNOT.

Horace Vernet, notre célèbre peintre, exécuta, en 1819, pour le duc de Berry, fils de Charles X, un superbe tableau connu sous le nom de : *le chien du régiment*. Un pauvre vieux chien, blessé d'un coup de feu à la tête et la patte cassée, se réfugie près de deux tambours, ses camarades. Un des soldats vide son bidon pour laver la blessure, tandis que l'autre prodigue des caresses au blessé.

LE BARBET DAGOBERT

officier payeur du régiment.

Un régiment de ligne, caserné à Paris, avait adopté un pauvre vieux barbet que les soldats, à cause de son air piteux, avaient nommé Dagobert. Mais l'intelligence de Dagobert prouva bientôt qu'il ne faut pas juger des gens sur la mine. L'officier chargé de la partie administrative du régiment ne tarda pas à remarquer les talents du barbet, et comme il lui fallait un employé fidèle, Dagobert fut choisi pour aller payer les fournisseurs et rapporter quittance. Ces fonctions l'avaient fait surnommer dans le régiment *l'officier payeur*.

Un jour que Dagobert, porteur du sac aux écus, vaquait comme d'habitude à son emploi, il rencontra en chemin une troupe de chiens qui se déchiraient à belles dents. La tentation était trop forte : il avise une maison en construction, cache la bourse sous une pierre et court prendre part à la lutte. Après quelques coups donnés et reçus, il revient à sa cachette, mais il avait perdu la mémoire dans la chaleur du combat, et parmi plusieurs centaines de pierres uniformes qui recouvrent le sol, il lui est impossible de reconnaître celle qui cache le précieux trésor. Il fureta ainsi jusqu'à la nuit sans résultat, et il revint à la caserne queue serrée, oreilles basses. Son maître lui réclame la quittance ; point de réponse. Dagobert reçut une correction et alla se coucher sans souper. Il l'avait bien mérité. Le lendemain, sa mésaventure s'était ébruitée dans toute la caserne ; le pauvre chien ne pouvait paraître au milieu de la garnison sans entendre de tous côtés : « Dagobert a mangé la grenouille ! Dagobert a mangé la grenouille ! » (dans l'argot des casernes : *a volé la caisse !*) et l'ex-officier payeur se sentait profondément humilié. Il avait failli dans l'exercice de sa charge, et cette faute entraîne une grave responsabilité d'après le Code militaire.

Un matin, un rayon de joie perça tout à coup dans ses yeux, la mémoire lui était revenue. Il vole sur le champ de bataille, retrouve la bourse du premier coup, va chez le fournisseur, paye la note et reçoit la quittance, qu'il rapporte triomphant à son maître.

Le pauvre animal n'avait rien mangé depuis trois jours!

LES CHIENS HISTORIQUES

DELTA OU LE CHIEN D'HERCULANUM

Lorsqu'on découvrit les ruines de Pompéï et d'Herculanum ensevelies depuis Pline (l'an 79) sous les laves amoncelées du Vésuve, on trouva une foule d'objets curieux et dignes d'attention. De ce nombre fut le squelette d'un chien étendu sur celui d'un enfant de dix à douze ans.

Les savants qui présidèrent à la fouille de ces décombres antiques (1755) conjecturèrent, par l'attitude de l'animal, qu'il avait voulu suivre le sort de son jeune maître au milieu de ce désastre épouvantable. Ce qui confirma leur opinion, ce fut la découverte d'un collier artistement travaillé.

Sur ce collier, qui était d'argent, et que l'on a vu longtemps dans la superbe galerie du grand-duc de Toscane, on déchiffra, mais avec bien de la peine, une inscription grecque. Quoique les mots en fussent à moitié effacés par le temps, on parvint enfin à la rétablir et on la traduisit en langue italienne.

L'inscription fit connaître que ce chien, nommé Delta, appartenait à un particulier nommé Sévérinus. Il avait sauvé la vie à son maître en trois rencontres : la première, en l'aidant à se retirer d'un étang où il se noyait ; la seconde, en donnant la chasse à trois voleurs qui l'assaillirent à l'improviste ; enfin, en étranglant une louve furieuse qui déchirait déjà Sévérinus, parce qu'il lui avait pris ses louveteaux dans un bois de Diane, auprès d'Herculanum.

Delta s'était ensuite attaché d'une manière toute particulière au fils unique de Sévérinus ; il le suivait partout, il ne souffrait point qu'on lui fît le moindre mal, et ne prenait même de la nourriture que de la main de cet enfant, tant il lui était attaché.

Ces détails, et le monument qui les constate, ne permettent point de révoquer en doute l'existence du chien d'Herculanum ; ils prouvent que cet affectueux animal ne voulut pas abandonner son jeune maître et que, n'ayant pu le sauver, il périt avec lui au milieu de l'embrasement général.

LE CHIEN DE PYRRHUS

Pyrrhus, roi d'Epire, fameux par ses luttes contre les Romains, rencontra, dans un de ses voyages, un chien triste, tout maigre et couché près du corps de son maître étendu mort et percé de coups au pied d'un chêne ; il y avait déjà plus de cinq jours, dit Elien, que cette pauvre bête était auprès du cadavre, et qu'il supportait la faim et la soif pour ne pas quitter le poste sacré auquel sa fidélité l'attachait si fortement.

Le prince ayant donné à manger au gardien fidèle et fait enterrer l'homme assassiné, l'animal reconnaissant suivit aussitôt son nouveau bienfaiteur.

Peu de temps après, comme Pyrrhus faisait la revue de ses gardes, ce chien, quoique doux de sa nature, devint furieux et se jeta sur un de ses soldats, de manière que l'on eut toutes les peines à contenir son acharnement. Sans cesse il allait de ce garde au monarque, et du monarque au garde, comme s'il eût voulu provoquer ainsi à la vengeance contre lui.

Pyrrhus fit arrêter le meurtrier présumé, et l'ayant fait interroger, on jugea, par ses propres réponses, qu'il avait assassiné le maître du chien fidèle, et le scélérat ne tarda point à subir la peine due à son crime.

ARGUS, LE CHIEN D'ULYSSE
ou la joie fait mourir.

Ulysse est de retour : ô spectacle touchant!
Le chien le reconnaît et meurt en le léchant.
DELILLE.

Ulysse, roi d'Ithaque, fut un des principaux héros du siège de Troie. Bien des années s'étaient écoulées depuis qu'Ulysse avait quitté le rivage d'Ilion. D'injustes ravisseurs avaient envahi son palais d'Ithaque et dissipaient à l'envi ses biens; ils voulaient contraindre son épouse désolée, Pénélope, à contracter un nouvel hymen, et à faire un choix qu'elle ne pouvait plus différer sans s'exposer aux traitements les plus cruels. Le jeune fils d'Ulysse, Télémaque, va dans le continent de la Grèce interroger Nestor et Ménélas sur le sort du héros son père. Pendant qu'il est à Lacédémone, Ulysse part de l'île de Calypso, et après une navigation pénible, il est jeté par la tempête dans une île voisine d'Ithaque. Minerve le dérobe au naufrage et à une mort certaine. Après une longue suite de courses, d'aventures et d'adversités, Ulysse retourne enfin dans sa chère Ithaque. Il arrive inconnu, vêtu de haillons et comme un mendiant, chez Eumée, son ancien serviteur des champs et le gardien de ses troupeaux; Ulysse se fait bientôt reconnaître à son fils Télémaque qui vient sous le toit d'Eumée, et après les plus tendres embrassements, l'un et l'autre prennent ensemble des mesures efficaces pour se venger de leurs communs ennemis et délivrer Pénélope. Télémaque charge Eumée de conduire à la ville l'étranger déguisé pour qu'il y demande sa subsistance. Ils entrent dans la ville, ils franchissent le seuil du palais, et sous les vêtements en lambeaux du pauvre mendiant, personne ne reconnaît l'auguste roi qui rentre chez les siens après vingt ans d'absence.

Mais son vieux chien du moins le reconnaîtra. Argus, le fidèle Argus, était couché près de là; il lève la tête, il dresse l'oreille, il écoute. Ulysse l'avait jadis élevé lui-même; mais il n'avait pas joui du fruit de ses soins, emporté vers Ilion par les destins. Longtemps, sous les ordres d'une ardente jeunesse, Argus avait fait la guerre à la race légère des daims, des lièvres et des cerfs. Maintenant, accablé de vieillesse, privé de son maître, il était négligé, étendu sur un monceau de fumier qu'on avait laissé devant la porte de la cour jusqu'à ce que les serviteurs du roi vinssent l'enlever pour l'engrais de ses champs; là était abandonné le pauvre Argus, tout couvert d'insectes qui le dévoraient.

Il a reconnu Ulysse qui s'est approché de lui; il veut se traîner aux pieds de son maître, il n'en a plus la force. En signe de joie et pour caresser encore, il agite sa queue et baisse l'oreille. Ulysse le regarde et ne peut retenir ses larmes; mais il les essuie furtivement, craignant qu'Eumée ne le reconnaisse à son émotion. « Avec quelle indignité, s'écrie-t-il, on traite ce malheureux animal! se peut-il, Eumée, qu'on l'abandonne ainsi sur ce fumier? Sa beauté doit avoir été frappante; j'ignore si la légèreté de sa course répondait à cette apparence, ou s'il était sans valeur comme ceux de sa race qui, nourris délicatement de la table des rois, ne servent qu'à charmer leurs yeux.

— Quelle est ton erreur! dit Eumée; c'est là le chien fidèle de ce héros mort depuis si longtemps loin de sa patrie. Que ne peux-tu le voir tel qu'il était lorsque Ulysse le quitta pour se rendre à Troie! Tu l'eusses admiré, et au premier coup d'œil tu eusses reconnu sa vigueur et la légèreté de sa course. En vain fuyait dans la profondeur des bois la bête fauve qu'il avait aperçue; il n'en perdait pas la trace; elle était morte. Maintenant son sort est bien misérable; le maître qui l'aimait est mort dans une terre étrangère, et les femmes attachées à ce palais, indolentes, n'ont plus aucun soin de ce brave serviteur et le laissent périr, le voyant vieux. »

En disant ces mots, il entre au palais, et porte ses pas vers les prétendants superbes. Argus, qui après vingt longues années a eu la joie de revoir enfin son maître chéri, Argus, qui seul a reconnu l'exilé de retour, ne jouit qu'un moment de son bonheur; il devient la proie de la mort : à peine a-t-il jeté sur le royal mendiant un long et dernier regard qu'il meurt.... Il meurt de joie!

Ainsi parle Homère dans l'Iliade. Il n'y a rien qui puisse être comparé à ce sublime morceau de poésie, tant pour la vérité des détails que pour la simplicité si touchante de l'expression. Homère pleura peut-être plus d'une fois sur ce tableau que sa main avait tracé; il pensait peut-être, en le créant, à quelque autre Argus, seul compagnon de ses courses vagabondes, qu'il avait vu mourir à ses pieds de vieillesse et de faim sur quelque grève déserte, ou que quelque enfant mauvais cœur lui avait tué d'un coup de pierre, sans que le vieil aveugle eût seulement pu défendre son ami.

NOTA. Homère, célèbre poète grec, regardé comme le plus grand de tous les poètes, auteur de l'Iliade et de l'Odyssée, vivait vers l'an 900 avant Jésus-Christ.

LA QUEUE DU CHIEN D'ALCIBIADE

Alcibiade, célèbre général athénien, était neveu de Périclès. On a dit de lui qu'il montra alternativement toutes les vertus et tous les vices. Très ambitieux, il cherchait à occuper l'attention publique par tous les moyens possibles. Il possédait un chien superbe, d'une taille extraordinaire et qui ne lui avait pas coûté moins de sept mille francs de notre monnaie. Un jour Alcibiade fit couper la queue de son chien; ses amis le grondèrent et lui dirent que tout le monde parlait de cette action et le blâmait extrêmement d'avoir gâté un si beau chien : « Voilà ce que je demande, reprit le général en riant, je veux que les Athéniens s'entretiennent de cela afin qu'ils ne parlent pas d'autre chose et qu'ils ne disent rien de pire sur mon compte. De là cette expression passée en proverbe chez les Athéniens modernes, les Français — qui, eux aussi, sont légers et frivoles, — *Couper la queue de son chien* ou *couper la queue du chien d'Alcibiade*, que l'on applique à celui qui commet quelque extravagance pour attirer sur lui l'attention.

Parlons maintenant de quelques actions remarquables dues à ce chien célèbre.

Un jour il fut assailli près d'Athènes par quatre ou cinq voleurs. Les brigands voulaient le dépouiller d'un superbe collier d'or massif où étaient gravés son nom et celui de sa demeure; mais leur tentative échoua. *Queue coupée* se jeta sur les coquins dont trois prirent la fuite. Quant au dernier, il ne lui fit aucun mal; mais le saisissant fortement par le poignet, il le conduisit à son maître, qui apprit, par les gens attroupés, ce qui venait de se passer.

Voici un autre trait bien digne d'être rapporté :

Pharnabaze, principal ministre du roi de Perse, fit assassiner Alcibiade, à l'instigation de Lysandre, général lacédémonien. Trop confiant et se croyant en sûreté sous la garde des lois saintes de l'hospitalité, l'illustre Grec tomba percé d'une grêle de traits. Des assassins apostés les lui décochèrent, après avoir incendié sa maison, d'où il s'échappait à travers les flammes.

Son chien fidèle, qui l'avait suivi, et qui portait à sa gueule un paquet de lettres importantes, fut pareillement couvert de blessures. Bien que mourant lui-même, ce généreux animal s'efforçait d'arracher les flèches enfoncées dans le corps de son maître étendu et baigné dans son sang.

MÉLAMPITHE

Un négociant de Corinthe fut chargé par les magistrats de sa ville d'une commission pour Salamine, île située tout près d'Athènes. Ce négociant avait un gros caniche appelé Mélampithe qu'il emmenait habituellement dans ses voyages. Cette fois-ci, le chien ne put suivre son maître aussitôt qu'il le désirait, parce qu'il se trouva enfermé dans une chambre écartée.

Quelques moments après que le négociant fut embarqué, Mélampithe trouva le secret de sauter par une fenêtre; il court au port, regarde de tous côtés : personne. Le vaisseau, poussé par un vent frais, est si loin qu'il ne paraît plus qu'un point imperceptible sur l'immense étendue de l'Océan.

Quel embarras pour le caniche ! que va-t-il faire ? que va-t-il devenir ? Il grogne, il aboie, il se lamente ; tout cela est inutile, et comme dit le proverbe : Un pas en avant vaut mieux que cent projets en l'air. Il prend enfin son parti, se jette à la mer et nage avec ardeur.

Mélampithe n'eut pas plus tôt fait deux ou trois stades qu'il survint un ouragan terrible. L'éclair brille et serpente en longs sillons de feu, le vent siffle, le tonnerre gronde et roule avec fracas ; des torrents d'eau tombent du ciel, les vagues irritées montent jusqu'aux nuées et parfois s'enfoncent dans les profondeurs des abîmes.... Caniche va toujours son train tout en avalant de l'eau salée et n'en regagne pas moins le bâtiment agité par la mer en fureur.

Cependant le temps devient aussi serein qu'il était orageux et troublé, le soleil brille dans toute sa splendeur et l'air radouci invite le Corinthien à monter sur le tillac. Tandis qu'il contemple le magnifique spectacle de la mer azurée et le contraste du calme succédant à la tempête, il entend aboyer.... « C'est Mélamphite! s'écrie-t-il étonné. Grands dieux! quel trajet!... »

Tremblant pour la vie de ce chien fidèle, le Grec court vers le pilote, il le prie de caler un peu la voile, de donner le temps à un mousse de descendre à l'aide d'une échelle de corde et d'aller chercher la pauvre bête qui n'en peut plus. Prière inutile! Il promet une grosse récompense, c'est vainement encore. Le marin grossier lui répond que, pour un chien, il ne retardera pas la course de l'équipage. Pressés d'arriver, presque tous les passagers sont du même avis que le patron, et Mélampithe est forcé de nager encore jusqu'à Salamine.

On arrive; le Grec s'élance sur le rivage, il fixe au loin ses regards inquiets, il ne voit plus son chien, il le croit noyé et se désole. Mélampithe reparaît enfin, mais si exténué qu'il enfonce et remonte alternativement sur la mer unie alors comme une glace et paisible comme un lac.

C'en est fait du courageux animal, il a atteint le terme de sa course, mais pour ne plus la recommencer. Après un trajet au-dessus des forces du plus courageux nageur, Mélampithe sort de la mer ou plutôt on l'en tire tout glacé. Il fait encore un pas, puis il tombe mourant sur le sable, où il rend le dernier soupir en posant sa tête sur les pieds de son maître.

« Nautonnier sans entrailles, s'écrie le Corinthien indigné, que t'en aurait-t-il coûté d'avoir un peu de complaisance? En sauvant la vie à cet animal plus sensible que toi, tu m'aurais épargné de cuisants regrets, et pour une peine légère tu gagnais cette bourse pleine d'or qui t'eût enrichi, toi et ta famille, pour le reste de tes jours. »

L'histoire n'a pas dédaigné de nous transmettre un autre trait assez semblable à celui que l'on vient de lire; il est attribué au chien de Xantippe, père du célèbre Périclès.

CROMION ET LE VOLEUR DE STATUES

Plutarque rapporte qu'un voleur s'introduisit, pendant la nuit, dans un temple de Vénus, et qu'il y prit de petites statues d'or rangées sur l'autel de la déesse.

Un chien nommé Cromion, du nom même de la ville où il fit pendre le brigand, se mit à japper de toutes ses forces pour avertir du danger. Personne n'entendit et le larron s'enfuit avec son larcin sans être arrêté. Le chien ne se rebuta point, il aboya toujours contre le filou et le poursuivit ardemment jusqu'à la ville de Cromion, distante de sept lieues d'Athènes.

Dès que les gardiens du temple se furent aperçus du vol et de l'absence du chien, ils firent d'actives recherches ; ils apprirent par des gens de campagne qu'un petit dogue blanc, marqué de taches noires, avait été vu dès la pointe du jour hors de la ville, et qu'il donnait la chasse à un homme très bien vêtu.

Ces indices furent pour eux un trait de lumière; ils prirent la même route que le chien, et, d'enquête en enquête, ils arrivèrent où il s'était arrêté. C'était précisément la rue où demeurait le voleur. A la vue des gardiens, Cromion témoigna une joie d'autant plus vive qu'il se sentit plus fort; il les tira par leur habit et guida leurs pas jusqu'à la porte de l'homme qu'ils cherchaient, de façon qu'ils ne furent pas longtemps à le convaincre du crime qu'il venait de commettre.

En effet, le larron avait encore les statues d'or, elles furent trouvées cachées au fond d'une grande jatte remplie d'eau. Promptement ramené à Athènes, il y subit la peine qu'il méritait.

Quant à Cromion, en reconnaissance de ses bons offices, les juges, devant qui cette affaire fut portée, ordonnèrent qu'il lui fût délivré tous les ans plusieurs mesures de blé aux dépens du public. Par un autre article de la sentence, les prêtres de la déesse eurent ordre de fournir bonne chère à cet animal vigilant tant qu'il demeurerait attaché au service du temple.

LE CHIEN DE JEAN DE NIVELLE

> Ce n'était pas un sot, non, non et croyez-m'en,
> Que le chien de Jean de Nivelle.
>
> LAFONTAINE.

Jean de Nivelle n'a jamais eu de chien, le chien c'était lui; et voici comment il a été décoré de cette gracieuse épithète : ayant embrassé avec Louis, son frère cadet, le parti du comte de Charolais contre le roi Louis XI dans la ligue du *Bien Public*, son père Jean de Montmorency, après l'avoir fait sommer à son de trompe de rentrer dans le devoir, sans qu'il tînt compte de l'avertissement, le traita publiquement de *chien*. Un chansonnier mit la chose en vers et de là vint le proverbe : il ressemble à ce chien de Jean de Nivelle « et non au chien de Jean de Nivelle. » il s'enfuit quand on l'appelle.

Si Jean de Nivelle ne déféra pas à l'ordre de son père, c'est qu'il savait parfaitement que si Louis XI désirait le revoir, c'était simplement pour s'offrir le plaisir de le contempler accroché à une branche d'arbre quelconque.

Il fit du reste fort bravement ses preuves et servit avec le plus grand dévouement le comte de Charolais auquel il devait obéissance pour une de ses seigneuries, tout comme son père devait obéissance à Louis XI pour sa seigneurie de Montmorency.

Selon une autre tradition, Jean de Montmorency, seigneur de Nivelle, avait un caractère très violent; il ne sut pas même modérer ses emportements à l'égard de son père, et eut le malheur de le frapper. Cité pour cet acte déshonorant devant le parlement, le coupable prit la fuite; « tant plus on l'appelait, dit un auteur, tant plus il se hâtait de courir du côté de la Flandre. » Le peuple, justement indigné contre ce fils lâche et fugitif, le flétrit du nom de *chien*.

On a donné le nom de Jean de Nivelle à la statue de bronze qui sonne les heures au sommet d'une des tours latérales de l'église de Sainte-Gertrude, à Nivelle; en voici la cause :

On rapporte qu'en 1202, lorsqu'un grand nombre de seigneurs, entraînés par la voix éloquente de Foulques de Neuilly, eurent pris la croix pour la délivrance du Saint-Sépulcre, maître Jean de Nivelle se joignit à eux et s'illustra par sa bravoure.

Enfin, voici une nouvelle explication de la locution proverbiale qui fait le sujet de cet article, elle est due à M. Quitard.

Il y avait autrefois, sur le haut du clocher de Nivelle, un homme de fer, appelé Jean de Nivelle, qui frappait les heures sur la cloche de l'horloge. Comme les heures, représentées par des statues, ne se montraient que pour disparaître à mesure que ce jaquemart semblait les appeler avec son marteau, on disait d'une personne qui se dérobait à un appel, qu'elle était *comme les heures de Jean de Nivelle*. Le peuple, qui abrège volontiers les termes, même aux dépens du sens, supprima les *heures*, en attribuant le rôle qui leur appartenait à Jean de

Nivelle ; et plus tard, probablement à l'époque où l'on traita de *chien* le seigneur du même nom, il introduisit cette épithète dans le dicton.

LES PETITS CHIENS DE HENRI III, ROI DE FRANCE

Henri III donna le triste spectacle d'un roi de France avilissant la majesté royale dans des passe-temps de femme et d'enfant : il employait des journées entières à s'accommoder et à se friser les cheveux, à arranger des diamants sur des colliers ou des habits, à jouer avec des singes, des perroquets et de petits chiens.

« Je me souviendrai toujours, dit Sully, de l'attitude et de l'attirail bizarre où je trouvai ce prince un jour dans son cabinet. Il avait l'épée au côté, une cape sur les épaules, une petite toque sur la tête, un panier plein de petits chiens pendu à son cou par un large ruban; et il se tenait si immobile qu'en nous parlant il ne remua ni tête, ni pieds, ni mains. »

Ce prince bizarre avait, entre autres, trois petits chiens tout mignons; il les portait dans une corbeille suspendue à son cou; il se promenait ainsi dans ses appartements, et c'était pour lui un grand plaisir de rester seul avec eux.

Liline, Titi et *Mimi*, venus à grands frais de la ville de Smyrne, étaient d'une gentillesse ravissante; mais leur instinct et leur attachement surpassaient encore leur beauté. On les avait dressés de bonne heure à monter la garde, et ils s'acquittaient à merveille de cet emploi. Placés au chevet du lit de Henri, ils y faisaient sentinelle une partie de la nuit, en tenant deux pattes appuyées sur l'anse du panier qui leur servait de niche. Une pendule, dont ces petits animaux connaissaient très bien le son, servait à régler les heures de garde. Dès que le fonctionnaire entendait le timbre argentin qui lui annonçait l'heureux moment du repos, il mordait l'oreille du camarade endormi, dont le tour de garder était venu. Se réveillant en sursaut, celui-ci prenait le poste pour y installer ensuite son autre camarade. De cette façon, Mimi succédait à Titi, et Titi à Liline, sans interruption jusqu'au matin; et jamais le roi n'eut de garde du corps plus surveillant et plus fidèle.

Le 1er août 1589, un fanatique, nommé Jacques Clément, se rendit à Saint-Cloud où était le roi et obtint une entrevue. Lorsqu'il fut introduit dans la chambre sous prétexte de présenter une lettre au roi, Liline s'élança de son panier contre lui, pressentant en quelque sorte le mauvais dessein du scélérat. Ce petit animal, qui était fort doux et ne faisait jamais de mal à personne, se mit à aboyer tout en colère et voulut mordre.

Le roi, contre sa coutume, fit retirer ses chiens dans une pièce voisine; Liline devint furieuse et aboya plus fortement encore. Alors Henri III reçut deux coups de couteau et tomba baigné dans son sang. Peut-être, dit un auteur, que cette petite bête, toujours pendue au cou du roi, eût déconcerté l'assassin par ses aboiements si on ne l'avait point écartée, car on voit tous les jours de très petites causes influer sur de grands événements.

LE CHIEN DE KOLLIKOFFER

Le baron de Kollikoffer, l'un des ambassadeurs suisses auprès de Henri III, vers l'an 1582, aimait beaucoup un chien d'une force extraordinaire et d'un courage encore fort au-dessus de sa taille.

Avant de partir pour Paris, l'ambassadeur avait expressément recommandé que l'on eût un très grand soin de César — c'est ainsi que le chien se nommait, — et qu'on le tînt enfermé au moment où son maître montait en voiture, pour l'empêcher de le suivre.

Les ordres furent ponctuellement exécutés, et, comme on connaissait l'ardeur de cet animal, on le tint pendant cinq jours dans une petite salle basse où il ne fit que hurler sans vouloir manger. Au bout de ce terme, on crut pouvoir le relâcher et le laisser courir comme à l'ordinaire aux environs du château.

A peine le Danois eut-il sa liberté qu'il se mit à manger comme quatre et disparut tout à coup. Toute la maison se mit alors en quête pour le retrouver, mais ce fut en vain et on le crut décidément perdu.

Pendant que César causait ainsi une vive alarme, qui le croirait? Il était déjà à Paris et l'ambassadeur fut bien étonné lorsque, au milieu d'une grande audience donnée par le monarque français aux députés helvétiques, il vit son chien s'élancer à son cou et l'accabler de caresses.

En supputant le temps du départ de cet animal et celui de son arrivée au vieux Louvre, on reconnut qu'il avait fait cent lieues en vingt-quatre heures. La longueur de cette marche lui avait mis les pattes tout en sang. Cependant, quelques jours plus tard, le baron écrivit une lettre à son épouse, il la cache dans le collier de son chien, puis, lui ayant dit ces mots : Allez vite chez cette maîtresse, le fidèle messager retourna au château de Kollikoffer en moins de trois jours.

On remarquera, ajoute l'auteur de cette anecdote, que la dépêche était de la plus haute importance, et que l'affaire qui la concernait, réussit en grande partie par la célérité de la marche et par le secret impénétrable du nouveau courrier.

GENGISK, CHIEN DU GRAND FRÉDÉRIC

Son tombeau dans le parc de Sans-Souci.

Vers la fin de la fameuse guerre de sept ans, entre les Prussiens et les Polonais, Frédéric le Grand, qui était myope, se trouva pendant une nuit entière absolument seul et très loin de son armée. Il était aux environs de la Prégel, et il avait à craindre la rencontre de détachements de Cosaques qui rôdaient dans la campagne. Il s'acheminait pas à pas; quand son chien, vigoureux danois qui l'accompagnait toujours dans ses expéditions, se dressa tout à coup contre le poitrail du cheval qu'il montait. Voulant l'empêcher d'aller en avant, et ne pouvant y parvenir, le danois se tourna du côté du roi lui-même, et mordit légèrement le bas de sa botte en grognant douloureusement.

Frédéric, qui avait éprouvé en diverses rencontres l'attachement particulier de son chien, fut fort étonné de l'agitation où il se trouvait. Soupçonnant quelque chose d'extraordinaire, il s'arrête, il regarde autour de lui, mais il n'aperçoit personne; il prête l'oreille, il n'entend rien non plus. Non content de ces précautions et toujours prudent, il descend de cheval et fait quelques pas en arrière, au grand contentement de Gengisk qui l'accable de caresses et saute de joie. Choisissant ensuite un endroit ferme et uni, le roi se couche à terre et il y applique l'oreille. Il entend aussitôt un bruit sourd et lointain qui se propage le long des bords de la rivière; il écoute encore et il ne tarde pas à se convaincre que son chien l'avait averti bien à propos. En effet, il aperçoit, à la lueur de la lune, plusieurs cavaliers qui précédaient un gros corps de cavalerie ennemie, occupant au loin une vaste plaine.

Dans cette circonstance périlleuse, Frédéric ne perd point de temps, il court se réfugier sous la première arche d'un pont vers lequel l'ennemi, se mettant en colonne, vint défiler quelques minutes après, dans le plus profond silence. Jamais ce prince ne s'était trouvé dans un péril si imminent ; le moindre mouvement pouvait le trahir ; et, devenu prisonnier sans nulle résistance, il était en danger de perdre au même instant sa liberté, le fruit de ses grands exploits, et peut-être sa gloire elle-même.

Pour comble de terreur, Gengisk, tout bouillant de courage et qui ne pouvait se contenir en sentant de si près l'ennemi de son maître, fit un mouvement pour aboyer. Dans cet instant si critique, tremblant alors pour la première fois de sa vie, Frédéric saisit soudain le museau de son danois, puis le serrant entre ses deux mains, il resta immobile dans cette singulière attitude, jusqu'à ce que les Cosaques eussent entièrement défilé, et qu'il fût hors de danger.

Si l'on admire le génie supérieur des vrais héros et des grands hommes, on n'est pas moins ravi de lire dans leur vie les traits qui caractérisent la bonté et la reconnaissance. Le grand Frédéric se souvint toujours, depuis cet événement, du péril d'où Gengisk l'avait si heureusement tiré. Lorsque la paix générale fut signée, il en eut un soin tout particulier ; mais ce courageux animal étant mort peu de temps après, à cause des fatigues et de plusieurs coups de sabre qu'il avait reçus en se battant contre les hussards, le roi lui fit ériger dans son parc de *Sans-Souci* un monument de marbre blanc. On a pu y lire longtemps son nom et celui de huit autres chiens de sa race. Il est à observer que Frédéric les avait gardés par complaisance et qu'il leur avait abandonné, tout près de son cabinet, une petite galerie où l'on a aussi longtemps conservé des fauteuils de satin en lambeaux, sur lesquels ces animaux prenaient leurs ébats et divertissaient les courts loisirs du héros dont la Prusse s'honore à juste titre.

LE DANOIS DU GRAND CONDÉ

Un chien danois va nous offrir l'exemple d'une qualité bien rare chez les hommes : je veux dire la modération au sein de la colère puissante et de l'orgueil offensé.

Le grand Condé avait un chien danois qui le suivit avec intrépidité au milieu des camps et des combats ; l'historien de ce prince rapporte que cet animal, étant tout jeune encore, vint se jeter aux pieds du héros après la bataille de Fleurus, et que le vainqueur l'accueillit avec bonté en disant : *Voilà ma part de la victoire !* Devenu grand et vigoureux, cet animal n'abusa jamais de sa supériorité pour accabler un plus faible que lui ; et l'on peut dire, en quelque sorte, qu'il se montra digne du maître qui l'avait adopté. On va en juger par un acte de modération que l'histoire n'a pas dédaigné de nous transmettre.

Des officiers, en s'amusant près du Danube, ameutèrent un jour une troupe de chiens contre le danois du prince. La plupart de ceux-ci, qui étaient jeunes et sans expérience, s'avancèrent tous en jappant et ils eurent même l'imprudence de le mordre. Celui-ci, d'un seul coup de dent, aurait pu se venger facilement de cette injuste attaque ; mais il se sentait le plus fort, et il montra sa supériorité d'une manière bien différente qu'on ne s'y attendait. Il prit un des agresseurs par la peau du cou et le transporta paisiblement de l'autre côté du fleuve où il le laissa aboyer et se démener tant qu'il voulut. Ayant repassé aussitôt le Danube, il traita pareillement les autres roquets qui furent tout honteux et plus occupés à rendre l'eau dont ils étaient inondés qu'à attaquer de nouveau un si généreux et si puissant adversaire.

MARQUIS, CHIEN DE POPE

La manière dont Pope, célèbre poète et philosophe anglais (1688-1744), fut sauvé de la mort par son chien, tient vraiment du prodige, cet animal, qui s'appelait Marquis, ne pouvait absolument sympathiser avec le domestique de cet illustre écrivain ; il grondait toujours et lui montrait même les dents toutes les fois qu'il s'en approchait.

Quoique Pope aimât singulièrement son chien, qui était un caniche de la grosse espèce, il ne voulait pas le souffrir dans son appartement à cause de sa malpropreté.

Néanmoins, malgré des défenses positives, le caniche, depuis quelque temps, se glissait vers le soir dans la chambre à coucher et l'on avait toutes les peines du monde à l'en faire sortir. Un soir, s'étant glissé bien doucement sans être aperçu, cet animal alla se mettre sous le lit de son maître et y resta sans broncher. Vers une heure du matin, le domestique entre brusquement dans la chambre de Pope. Alors le chien fidèle sort à l'improviste de son poste et saute à la figure du scélérat qui était armé d'un pistolet. Pope se réveille en sursaut ; il ouvre sa fenêtre pour crier au secours, et il aperçoit trois brigands que son domestique avait introduits dans le jardin de sa maison de campagne pour le voler après que l'assassinat aurait été commis.

Déconcertés par cet incident imprévu, les brigands balancent un instant et bientôt ils prennent la fuite. Le valet, trahi par le chien surveillant, perd la tête ; il se sauve également pendant que l'animal en fureur réveille toute la maison par ses aboiements et qu'il y répand l'alarme. C'est ainsi que ce chien sauva la vie du grand homme dont l'Angleterre s'enorgueillit avec raison.

Le même chien, peu après cet événement, procura un grand plaisir à son maître. Pope, en s'asseyant dans un petit bois, à plus de trois lieues de distance de sa maison, perdit une montre à quantièmes, à secondes et d'un très grand prix. De retour chez lui, le poète veut regarder l'heure qu'il est, et ne trouve plus de montre dans son gousset. Il est à remarquer qu'il était déjà tard et qu'un orage violent commençait à éclater. Le maître appelle son chien, et faisant un geste que Marquis comprend très bien, il lui dit seulement : « J'ai perdu, va chercher. » A ces mots, Marquis part et se rend sans doute à chacun des endroits où son maître s'était arrêté ; mais il fallut que cette pauvre bête mît un temps considérable à chercher, car, bien qu'on l'eût attendue jusqu'à deux heures après minuit, on ne la vit point revenir. Quel fut l'étonnement de Pope en se levant le matin ! Il ouvre sa porte, et il y voit le messager fidèle paisiblement couché, et tenant dans sa gueule le bijou précieux qui n'était nullement endommagé. Pope y tenait d'autant plus que c'était un présent qui lui avait été fait par la reine d'Angleterre.

LE PETIT CHIEN DE Mme DE SÉVIGNÉ

Voici un petit chien qui n'a rien fait de remarquable ; mais il a eu le bonheur d'appartenir à la spirituelle marquise de Sévigné et de trouver une place dans les lettres qui ont rendu cette femme immortelle ; c'est assez pour que le nom de *Fidèle* soit sauvé de l'oubli et que nous lui donnions une place dans cet ouvrage. Mme de Sévigné écrivait à sa fille :

« Ma très chère,

» Vous paraissez tout étonnée que j'aie un petit chien ; voici l'aventure :

» J'appelais ce matin, par contenance, une chienne courante d'une dame qui demeure au bout de ce parc. Mme de Tarente, qui s'est aperçue de ce que je faisais, s'est empressée de me dire : « Quoi ! vous savez appeler un chien ! je veux vous en » envoyer un des plus jolis que vous ayez jamais vus. » Je l'ai remerciée et lui ai dit la résolution que j'avais prise de ne plus m'engager dans cette sottise, quelques bonnes raisons qu'on pût me donner. Deux heures et demie après, je vis entrer un valet avec une maisonnette de chien, toute pleine de rubans, et sortir de cette maison un petit chien tout parfumé, d'une beauté tout extraordinaire, des oreilles, des soies, une haleine douce, petit comme Sylphide, blondin comme Blondin ; jamais je ne me suis trouvée plus embarrassée. J'ai voulu le renvoyer, on n'a jamais voulu le reporter, quoi que j'aie pu dire. Il s'en faut peu que la femme de chambre qui l'a élevé ne meure de douleur. C'est Marie que le petit chien a prise en amitié ; il couche dans sa maisonnette et dans la chambre de Beaulieu ; il ne mange que du pain ; je ne m'y suis point encore attachée, mais il commence à m'aimer, je crains de succomber.

» Voilà l'histoire que je vous prie de ne point mander à Marphise, ma petite chienne que j'ai laissée à Paris, car je crains ses justes reproches. Au reste, une propreté extraordinaire ; il s'appelle Fidèle ; c'est un nom que bien des gens ne se sont pas toujours montrés dignes de porter.

» Adieu, ma chère fille, écrivez-moi le plus tôt possible.

» Mme DE SÉVIGNÉ. »

LE CHIEN DE LA REINE

Marie-Antoinette avait au Temple un chien qui l'avait constamment suivie. Lorsqu'elle fut transférée à la Conciergerie, le chien y vint avec elle ; mais on ne le laissa pas entrer dans cette nouvelle prison. Il attendit longtemps au guichet, où il fut maltraité par les gendarmes qui lui donnèrent des coups de baïonnette. Ces mauvais traitements n'ébranlèrent point sa fidélité ; il resta toujours près de l'endroit où était sa maîtresse, et, lorsqu'il se sentait pressé par la faim, il allait dans quelques maisons voisines du palais où il trouvait à manger ; il revenait ensuite se coucher à la porte de la Conciergerie. Lorsque Marie-Antoinette eût perdu la vie sur l'échafaud, le chien veillait toujours à la porte de sa prison ; il continuait d'aller chercher quelques débris de cuisine chez les traiteurs du voisinage ; mais il ne se donnait à personne et il revenait toujours au poste où sa fidélité l'avait placé : il y était encore en 1795, et tout le quartier le désignait sous le nom de *chien de la reine*.

Marie-Thérèse-Charlotte, fille de Louis XVI et de Marie-Antoinette, avait reçu de son frère un chien qu'elle emmena avec elle en sortant du Temple. Ce fidèle compagnon de ses infortunes l'avait suivie jusqu'en 1781. Etant tombé du haut d'un balcon dans le palais de Poniatowski, à Varsovie, il expira sous les yeux de sa maîtresse. Un monument funèbre a été élevé en l'honneur du chien de Marie-Thérèse-Charlotte dans les jardins de la princesse Poniatowski.

Là, parmi les gazons, les ruisseaux et les bois,
Tu dormiras tranquille ; et la fille des rois,
En proie à tant de maux, objet de tant d'alarmes,
Y reviendra pleurer, s'il lui reste des larmes.

LE CHIEN DIPLOMATE

Boatswain appartenait à un capitaine de la marine anglaise qui l'avait amené tout petit en Angleterre. C'était le plus beau chien qu'on pût voir, aussi le régent en eut la fantaisie et en fit informer le capitaine. Celui-ci donna, non sans regrets, le beau terre-neuve au prince qui sut récompenser un pareil sacrifice. Boatswain devint une des distractions habituelles de la cour par sa beauté et ses grâces ; mais une circonstance lui valut bientôt une place dans la galerie des chiens célèbres, à titre de *diplomate* (1).

Un jour, un ambassadeur causait avec le prince régent ; non loin d'eux était un Français, diplomate habile, honoré de la confiance de Bonaparte, alors premier consul. Le prince régent cherchait à entraîner l'ambassadeur au parti de la guerre. Celui-ci, peu convaincu, répondait d'une manière évasive.

Tout à coup entra Boatswain.

— Quel bel animal ! dit l'ambassadeur.

— Oui, répondit le prince, et il a tant de qualités ! il rapporte merveilleusement bien.

En ce moment Boatswain était auprès de l'envoyé français, et il chiffonnait quelque chose entre ses dents.

— Apportez ici, s'écria le prince.

Aussitôt l'obéissant Boatswain s'avança, tenant une lettre qu'il remit à son maître.

Le régent parcourut la lettre. Elle était adressée à l'envoyé français, et contenait ces mots :

« Monsieur,

» J'écris à mon ambassadeur aussi bien qu'à vous, pour une

(1) Mlle Julie Gouraud.

affaire essentielle. Il faut empêcher à tout prix un rapprochement entre la cour d'Angleterre et l'ambassadeur de ***. C'est un homme borné et suffisant; il ne vous sera pas difficile d'agir sur lui.

» BONAPARTE, premier consul. »

— Voici, dit le régent, quelque chose qui vous concerne, monsieur l'ambassadeur, et il lui remit la lettre.

Il s'ensuivit la guerre.

Boatswain passa dans diverses mains et s'illustra par plusieurs actions d'éclat; entre autres, on raconte celle-ci :

Un soir Napoléon allait s'embarquer mystérieusement, suivi de ses fidèles grenadiers, lorsque, pour arriver au canot qui devait l'emporter, et passant sur une planche, il perdit l'équilibre et tomba dans la mer.

Avant que l'événement fut connu, on vit une masse noire plonger et replonger trois fois, puis reparaître en ramenant Napoléon. C'était Boatswain qui avait accompli ce sauvetage; il appartenait alors à un personnage anglais qui était venu de Londres pour voir Napoléon.

Le tombeau de ce chien se voit encore à Windsor; une longue épitaphe y a été gravée en lettres d'or :

A CETTE PLACE
SONT DÉPOSÉS LES RESTES D'UNE CRÉATURE
QUI POSSÉDAIT LA BEAUTÉ SANS VANITÉ,
LA FORCE SANS INSOLENCE,
LE COURAGE SANS LA FÉROCITÉ,
ET TOUTES LES VERTUS DE L'HOMME SANS LES VICES.
CET ÉLOGE NE SERAIT QU'UNE FLATTERIE INSIGNIFIANTE
S'IL ÉTAIT GRAVÉ SUR DES CENDRES HUMAINES,
ET POURTANT IL EST DU A LA MÉMOIRE
DU CHIEN BOATSWAIN,
NÉ A TERRE-NEUVE (MAI 1801),
ET MORT A WINDSOR, 18 NOVEMBRE 1815.

BOB, LE CHIEN DES POMPIERS

Il arrive parfois que, durant notre sommeil, nous sommes tout à coup réveillés en sursaut par le bruit du tambour qui bat la générale ou par le bruit des cloches qui sonnent le tocsin. Alors nous nous levons tout effrayés, car nous savons ce que signifient ces appels nocturnes, ils annoncent une chose bien effrayante : l'incendie ! Alors nous nous levons en toute hâte, nous nous habillons et allons porter secours. Mais lorsque nous arrivons sur le lieu du sinistre, nous y trouvons déjà des hommes qui ont été plus prompts que nous, ce sont les pompiers qui manœuvrent pour éteindre le feu. Nous ne saurions être trop reconnaissants pour ces hommes dévoués et courageux qui exposent souvent leur vie pour sauver celle de leurs semblables.

Les journaux anglais ont longtemps retenti des prouesses de Bob, le chien des pompiers de Londres. Mieux qu'aucun autre, il a mérité une page dans l'histoire des chiens célèbres. Il reconnaissait le son du tocsin entre tous : on voyait alors ses yeux s'animer, ses oreilles se dresser, puis il se précipitait en avant des pompiers pour éclairer la route. Au feu, il se conduisait en héros, grimpait aux échelles et pénétrait par la fenêtre dans les chambres que les flammes avaient envahies, plus vite que les pompiers eux-mêmes. Lors de l'incendie d'un bâtiment considérable, Bob se précipita tête baissée au milieu des décombres que le fléau commençait à accumuler ; il allait accomplir un acte de courage, de générosité, de magnanimité, qu'on admirerait dans un homme. Bientôt, en effet, on le vit reparaître tenant dans sa gueule un chat qu'il n'avait étranglé qu'à moitié.

Dans une autre circonstance, on avait dit aux pompiers que tous les locataires d'une maison dévorée par les flammes avaient été sauvés ; cependant Bob s'obstinait à ne point quitter certaine porte, il aboyait bruyamment, jusqu'à ce qu'enfin il eût attiré l'attention des pompiers qui accoururent et ouvrirent cette porte, derrière laquelle ils trouvèrent un enfant presque asphyxié.

Des services si éclatants devaient rendre Bob l'objet de distinctions extraordinaires. Il fut présenté solennellement à la société royale protectrice des animaux, devant laquelle on lui fournit l'occasion de déployer ses talents : il fit jouer une pompe avec la précision d'un vieux pompier. Il portait un collier de cuivre sur lequel étaient gravés ces mots : « Ne m'arrêtez pas, mais laissez-moi courir ; je suis Bob, le chien des pompiers de Londres. »

Cet illustre membre de la race canine est mort comme il avait vécu, victime de son dévouement. Il est tombé au champ d'honneur, au feu, écrasé par une pompe à incendie.

LE CHIEN DE PÉRA

Dans un incendie qui eut lieu à Péra, faubourg de Constantinople, un Grec, aidé de ses amis et de quelques janissaires, était parvenu à sauver presque tous les effets que contenait sa maison, lorsque le malheureux s'aperçut qu'il avait oublié un enfant de deux mois qui reposait dans un berceau. On se consultait sur la difficulté de pénétrer de nouveau dans la maison, lorsque le chien du Grec en sortit, tenant l'enfant par ses langes. Il traversa la foule sans permettre qu'on lui ôtât son fardeau, et courut le déposer à la porte d'un ami de son maître. Devinerait-on quelle fut la récompense de ce fidèle et généreux serviteur ? Par une barbare reconnaissance, le Grec tua le chien et le mangea avec sa famille dans un repas splendide qu'il donna à cette occasion.

— Mon chien, disait ce Turc, s'est trop bien conduit pour être la pâture des vers ; ce sont des hommes qui doivent le manger, et vous autres, ajouta-t-il en regardant ses parents et ses amis, vous ne pouvez qu'y gagner ; il vous rendra meilleurs.

Encore un trait se rapportant à un incendie :

En 1842, la maison d'un habitant de Neuville, dans l'Aube, fut incendiée. Le chien du cultivateur, s'étant aperçu que la fumée gagnait une étable et que les bestiaux n'en sortaient pas, y pénétra sans y être excité par personne, et, mordant à droite et à gauche, força un cheval, une vache et quelques moutons de prendre la fuite ; il les conduisit à une certaine distance dans un champ, puis il revint une seconde fois à l'étable et fit déguerpir une autre troupe. Il essaya de recommencer une troisième fois, mais le feu ne le lui permit pas, et il s'en revint tout consterné vers son maître, près duquel il se mit à aboyer d'une façon lamentable, comme s'il eût voulu exprimer son regret de n'avoir pu réaliser toute la tâche qu'il s'était volontairement imposée.

LE CHIEN DE BERGER

Ah ! qu'on a bien de raison de dire que les apparences sont trompeuses ! Quand on se promène à la campagne et qu'on rencontre par hasard un chien à l'air triste et sauvage, très laid, ayant le corps couvert de poils rudes, hérissés, mêlés, souvent souillés de boue, la première pensée qui vous vient est de fuir cet animal ; et pourtant ce chien, dont l'extérieur n'a rien qui puisse plaire, est supérieur par l'instinct à tous les autres chiens ; il se place au premier rang parmi les bêtes chez qui les manifestations les plus élevées de la vie animale se montrent avec le plus d'éclat. Suivant Buffon, le chien de berger est le seul qui naisse pour ainsi dire tout élevé et qui, sans éducation préalable, guidé par le seul naturel, s'attache de lui-même à la garde des troupeaux, tandis qu'il faut beaucoup de temps et de peines pour instruire les autres chiens et les dresser aux usages auxquels on les destine. Ce chien est le vrai chien de la nature, celui qu'on doit regarder comme la souche et le modèle de l'espèce entière.

Que de fois, dans mon enfance, j'ai vu une jeune bergère assise sur le bord d'une route, occupée à coudre, à tricoter, ou même à causer avec quelques amies, rester ainsi des heures entières sans s'occuper autrement de son troupeau. De temps en temps elle se contentait de se lever, regardait dans la direction où se trouvaient ses moutons, appelait son chien, lui donnait ses instructions et s'asseyait, parfaitement tranquille, pour reprendre son occupation interrompue. Il n'est pas en effet, dans la vie de campagne, de spectacle plus attachant que celui d'un chien de berger gardant le troupeau de son maître. Celui-ci peut se reposer entièrement sur la vigilance de son auxiliaire à quatre pattes. Il lui suffit de l'avertir de temps en temps de ce qu'il doit faire par un regard, par un geste, par un mot, qui sont aussitôt compris. Les ordres donnés, le berger peut s'éloigner, s'asseoir, dormir; le chien n'a besoin de consulter personne pour s'acquitter de sa tâche : il va et vient sans cesse sur le flanc de la troupe de moutons confiée à sa garde; il passe alternativement de la droite à la gauche; puis il va croiser tantôt en avant, tantôt en arrière; il sait quand il faut faire halte, quand il faut se remettre en marche; il presse les retardataires, il retient ceux qui vont trop vite, il ramène ceux qui s'écartent. Il distingue parfaitement l'herbe du pâturage qu'il est permis aux moutons de brouter, et les jeunes blés des champs voisins auxquels il leur est défendu de toucher, et il ne les laisse pas s'y tromper : qu'un seul de ses subordonnés s'avise de faire un pas et de donner un coup de dent sur le domaine interdit, vite il accourt en aboyant d'un air furieux, et le coupable n'attend pas son arrivée pour rentrer dans l'ordre.

Il prend ainsi l'air furieux, mais il n'a que l'apparence de la méchanceté; il veut faire peur et non faire mal. Quelquefois on le voit se précipiter sur un mouton qui s'entête à ne pas obéir, et il le mord aux jambes de derrière, mais il a soin de n'atteindre que la peau sans même endommager la partie de toison qu'il tient entre ses dents. On peut remarquer qu'il ne traite avec cette sévérité que les vieux moutons, les plus vigoureux. Jamais il ne portera la dent sur un agneau ou sur une brebis mère qui allaite; il les ménage, il se contente de les menacer par ses aboiements. Il sévit quand il le faut et juste autant qu'il le faut; il n'a d'autre but que le maintien de la discipline, la stricte observation de la consigne.

Le dévouement du chien de berger pour le troupeau remis à ses soins est sans limites. Il le défend au péril de sa vie contre l'étranger suspect qui s'en approche, contre le loup qui ose l'attaquer. Si quelques-unes de ses bêtes s'égarent, il se met à leur recherche et ne revient qu'avec elles. Un naturaliste anglais rapporte à ce sujet une anecdote curieuse.

Un berger écossais vit un jour, dans une tourmente, ses moutons s'effrayer et se débander sans qu'il lui fût possible de les retenir; une partie du troupeau s'enfuit et se dispersa dans la montagne. On chercha longtemps les fugitifs sur toutes les hauteurs environnantes sans pouvoir les retrouver. Alors le berger, désespéré, fit appel à l'un de ses chiens, lui fit comprendre ce qu'il attendait de lui. L'animal partit aussitôt et ne reparut pas. On passa inutilement le reste de la journée et la nuit tout entière à explorer la montagne. Le lendemain, comme le berger, croyant ses moutons définitivement perdus, s'était remis en route pour regagner la ferme et annoncer son malheur, il aperçut au fond d'un ravin aux parois escarpées un groupe d'animaux : c'étaient les moutons; le chien était avec eux; il paraissait dans une inquiétude extrême; il allait et venait, il courait de tous côtés en aboyant comme pour demander du secours, mais il ne s'éloignait pas, il ne voulait pas quitter le petit troupeau qu'il avait rassemblé et dont il répondait. Si l'on n'était venu le relever de sa garde, il y serait sans doute mort de faim.

EN ROUTE! CHERCHE MARTIN

Un pauvre berger des environs de Marseille possédait pour toute richesse une charrette vermoulue et un âne sur le retour : les deux valaient bien trente écus. Cependant, l'un tiraillant l'autre, cela lui suffisait pour porter à la ville le lait qu'il y allait vendre chaque matin depuis bientôt vingt ans. Un jour, au moment de se mettre en route pour sa tournée quotidienne, notre homme s'aperçut qu'il avait laissé dans l'étable une partie de sa marchandise. Que fait-il? — Ce qu'en pareille occurrence vous et moi nous aurions fait. Laissant stationner son attelage sur le grand chemin, il rentre chez lui, et tout en s'adressant de vigoureux reproches, il se met en devoir de réparer son oubli. Mais sa contrariété ne fut que passagère, et lorsqu'il revint dix minutes plus tard, sa figure avait repris sa bonne humeur accoutumée, et ses lèvres sifflaient un air monotone éclos sous le ciel marseillais. — Holà! Martin, cria-t-il d'une voix forte, en route!... Mais, au même moment, il resta comme cloué à la place qu'il occupait, et les boîtes de fer blanc qu'il tenait à chaque main lui échappèrent et glissèrent sur le pavé en produisant un bruit discordant et en répandant leur contenu. En vérité, le cas était singulier. Jugez-en vous-même : âne et charrette avaient disparu, et de quelque côté que l'on tournât les regards, il y avait place nette. Le pauvre homme jeta un cri de douleur, se frappa le front, courut à droite et à gauche, en avant et en arrière, se mit à geindre, appela sur tous les tons son Martin, son vieux Martin, son pauvre Martin. Mais Martin ne répondit pas, et le plus profond silence succédait à ces folles et bruyantes démonstrations.

Nous ne sommes plus au temps des enchantements, et notre berger était un esprit fort qui ne croyait pas plus aux sorciers qu'aux revenants. Donc, il se ravisa bientôt, se gratta l'oreille, et, avec cette promptitude de jugement qui est l'essence du caractère campagnard, il supposa qu'un hardi voleur s'était emparé de son vénérable attelage, lequel ne devait pas être éloigné, attendu la lenteur proverbiale de maître Martin. Restait à savoir quelle direction avait prise le ravisseur. La chose était embarrassante, aussi le malheureux berger se trouvait-il dans une perplexité extrême, quand la vue de son chien lui inspira une idée lumineuse. Le fidèle animal, qui paraissait prendre part aux soucis de son maître, cherchait par ses jappements à attirer son attention. S'adressant alors à l'unique ami qui compatît à son chagrin, le berger l'excite de la voix et du geste à se mettre à la poursuite du fripon. Le chien, qui n'attendait qu'un ordre, pousse un grognement de satisfaction, flaire le sol et s'élance sur la grande route, tandis que son maître le suit de son mieux. Il court ainsi jusqu'au village voisin et y arrive précisément au moment où un gaillard d'assez mauvaise mine y entrait conduisant avec la plus entière assurance messire l'âne qui regimbait de la belle façon. Le chien, intelligent, après avoir fait la reconnaissance dont on l'avait chargé, retourne en toute hâte au-devant de son maître essoufflé, d'un regard lui fait comprendre que Martin n'est pas loin, et enfin se lance de nouveau en avant. Quelques minutes après, le berger saisissait au collet le larron, qui croyait avoir dérouté toute recherche, et rentrait en possession de son bien. Qui fut volé alors? Ce fut le voleur, qui avait compté sans la sagacité du compagnon de sa victime.

ÉDUCATION DU CHIEN DE BERGER

L'éducation du chien de berger demande beaucoup de soin et doit être commencée de bonne heure, de six à neuf mois environ. Pour lui apprendre à s'arrêter à volonté, on prononcera fortement le mot *arrête*, et on lui présentera un morceau de pain blanc en l'arrêtant de force. Pour l'accoutumer à se coucher, on le caresse quand il se couche de lui-même, ou bien on le contraint en le retenant par les pattes, en prononçant ce mot : *couche*. Se relève-t-il trop tôt, on lui donne sur les oreilles avec une branche d'osier. S'il demeure tranquille, on lui donne à manger. — S'agit-il de lui apprendre à aboyer au moment voulu, on imite l'aboiement en lui montrant du pain qu'on lui donnera, s'il aboie, et l'on dira en même temps d'une voix forte : *aboie*. Pour le faire taire, on criera : *paix-là!* en ayant soin de punir toujours et de récompenser immédiatement après la soumission ou la désobéissance.

Il faut ensuite lui apprendre à tourner autour du troupeau; pour cela, on jette une pierre afin qu'il coure dessus, et on la jette successivement de place en place jusqu'à ce qu'on ait fait le tour du troupeau en prononçant toujours le mot : *tourne*.

On l'instruit de la même manière à côtoyer les moutons; à aller en avant du troupeau pour l'arrêter; en arrière, pour le faire avancer; sur les côtés, pour l'empêcher de s'écarter; à saisir un mouton par l'oreille au premier commandement. On n'aura qu'à changer les mots suivant la manœuvre, et l'on dira suivant le cas : *Avant, arrière, côtoie, va, reviens, saisis*.

Quand le chien aura reçu ces premières instructions, on lui fera garder le troupeau avec un ou deux chiens dressés. Quand on aura pris un loup, on le lui jettera en l'excitant à le déchirer.

Le *chien de Brie* est le plus estimé pour garder les troupeaux en plaine. Le *chien de montagne* (Cur-dog des Anglais) est plus grand, plus fort, plus propre à combattre et à écarter les loups; mais il est moins intelligent.

CHIEN DE GARDE OU DE BASSE-COUR

SON ÉDUCATION

Il convient de choisir pour cet usage, dit M. Beleze, les petits d'une chienne forte et vigoureuse de l'espèce du mâtin ou de celle du dogue.

Le *Mâtin* ordinaire, grand, à queue relevée, de couleur jaunâtre, quelquefois blanc et noir, au nez court et toujours noir, est robuste, courageux et excellent pour la garde des fermes.

Le *grand Danois*, plus lourd et plus grand que le précédent, à lèvres pendantes, d'un fauve noirâtre, rayé transversalement de bandes noires, est aussi très bon pour la garde et cependant d'un caractère tout à fait inoffensif.

Le *Dogue* (Mastiff des Anglais), à lèvres grandes et pendantes, au corps robuste et allongé, est courageux, fort et propre au combat quand il y est dressé, car naturellement il est d'humeur assez pacifique.

Le *Bouledogue* (Bulldog), à tête ronde, au nez court et relevé, est sans contredit le plus propre aux fonctions de garde-porte, à cause de sa force, de sa hardiesse et de sa vigilance; mais il a peu d'attachement pour son maître et encore moins d'intelligence.

Le *chien de Terre-Neuve* est très vigilant pour la garde; mais il aboie rarement.

Quelle que soit l'espèce dont on fait choix, il est important que la mère soit d'une bonne race, bien nourrie et qu'elle ait peu de nourrissons. Dès que les petits commencent à courir, on les dresse en mettant devant eux le soir des objets étrangers, et en les agaçant dessus, en criant : *kse! kse!* S'ils reculent et s'enfuient, il faut les gronder et les enchaîner, mais ne les laisser à la chaîne que le temps nécessaire pour que le châtiment produise son effet. Si on les y tenait à demeure, ils se dresseraient beaucoup plus difficilement, ne pouvant plus distinguer ce qui est correction et ce qui ne l'est pas. Une fois dressés, les chiens ne doivent plus être enchaînés, parce qu'un chien

dort mal à la chaîne, et quand on le déchaîne la nuit il s'endort aussitôt. Si l'on craint que, pendant le jour, il ne se jette sur les personnes qui entrent dans la maison, on le tient renfermé dans sa loge. Il faut ensuite lui apprendre à ne pas avaler les boulettes, de là dépendent et sa vie et la sûreté de la maison; pour cela on lui jette des boulettes de terre glaise, dans lesquelles on met une petite éponge imbibée d'eau d'aloès ou de toute substance amère; cette boulette est enfermée dans un morceau de viande ou de graisse ficelée; le chien la mâche, découvre l'odeur répugnante et rejette la boulette. En répétant plusieurs fois ce manège, on lui jetterait ensuite un morceau de viande pure en forme de boulette, qu'il n'y toucherait pas.

En général, les chiens bien nourris acceptent difficilement ce qu'on leur offre hors de leurs repas.

Il faut aussi l'habituer aux coups de feu, en tirant à côté de lui des coups de pistolet chargé à poudre. Il est encore bon de lui apprendre à mordre le bâton; pour cela il faut, quand il est jeune, jouer avec lui un bâton à la main; il le mord, il s'efforce de l'arracher des mains; on peut le taquiner jusqu'à le mettre en colère, il s'en souvient au besoin, et toute personne armée d'un bâton fera bien de ne pas le lui montrer; enfin, il faut l'exciter contre les gros chiens de manière qu'il leur livre combat, ou qu'il fasse fuir tous ceux qui se présentent. Une fois que sa réputation est faite, on n'a plus à craindre ni maraudeurs, ni voleurs.

Dans une ferme, ou une maison de campagne, il faut toujours avoir deux chiens de garde, d'abord parce qu'ils s'excitent mutuellement, ensuite parce qu'il est bien plus difficile d'en tuer ou d'en empoisonner deux qu'un seul. Dans les maisons de ville la garde de l'habitation est souvent confiée avec plus d'avantage et plus d'économie à un chien de petite taille, hargneux et fidèle, qu'à un grand chien, gros mangeur et souvent gênant à cause de sa grandeur. Le *roquet*, qui aboie au moindre bruit, est excellent sous ce rapport.

Les roquets paraissent être une variété de chiens danois; ils ressemblent beaucoup au petit danois; comme lui, ils ont la tête ronde, les oreilles petites, les jambes sèches et la queue retroussée; quelques individus ont le pelage arlequiné; mais en général les formes et les couleurs sont à peu près les mêmes que chez le petit danois. Le roquet n'est pas très courageux; néanmoins il est fidèle, très attaché à son maître, a peu d'odorat mais assez de mémoire. En somme, c'est un chien de bonne garde à la maison.

LES CHIENS DE CHASSE

Pour être agréable à nos jeunes lecteurs, nous allons leur parler des chiens de chasse. Cette lecture leur donnera patience pour attendre le moment si ardemment désiré par eux où ils entreront dans la confrérie de Saint-Hubert, où ils pourront faire résonner les échos des bois des détonations de leur fusil, et faire mordre la poussière, ou peut être simplement effrayer..., force lièvres et lapins!

Tous les chiens chassent naturellement; mais l'éducation a formé parmi eux des races douées d'un instinct particulier auxquelles s'applique plus spécialement la dénomination de chiens de chasse. Chacune de ces races a des dispositions plus propres à une sorte de chasse qu'à une autre, et l'on a si bien profité de ces aptitudes, qu'il existe aujourd'hui presque autant de races qu'il y a d'espèces d'animaux auxquelles on fait la chasse. Cependant, comme en définitive toutes les chasses peuvent se réduire à deux genres, la chasse à courre et la chasse au fusil, on peut de même réduire à deux grandes divisions toutes les races de chiens de chasse : les uns suivent silencieusement la piste du gibier afin de conduire le chasseur auprès de la pièce qu'il désire atteindre : ce sont les *chiens d'arrêt;* les autres suivent la voie en faisant entendre des aboiements : on les appelle *chiens courants.*

Chiens d'arrêt. — Un bon chien d'arrêt est indispensable au chasseur à tir. Les chiens d'arrêt sont encore appelés chiens couchants et chiens fermes. Ils signalent la présence du gibier en demeurant immobiles à quelques pas de leur victime, qu'ils cherchent, pour ainsi dire, à fasciner du regard. On en distingue quatre races principales : le braque, l'épagneul, le griffon et le barbet. L'origine de ces races est relativement moderne, car l'usage du chien d'arrêt n'a pu commencer qu'avec les premiers fusils. Louis XIII fut même le premier chasseur qui tira le gibier au vol.

Le *braque* est de haute taille; il a de la légèreté, de la vigueur, une grande finesse d'odorat et une quête magnifique d'ardeur. La chaleur l'incommode peu, et il chasse également bien le gibier à poil et le gibier à plume. Parmi les braques français, la race dite *Dupuy* jouit d'une grande réputation, et la race dite de Saint-Germain est assez estimée. Les Anglais possèdent une excellente race de braques qu'ils désignent sous le nom de *pointers* et qu'ils divisent en race grande, moyenne et petite.

L'*épagneul* est un beau chien, plus petit mais plus docile que le braque; il supporte moins la chaleur. On l'emploie de préférence dans les pays couverts, boisés et marécageux. Les races françaises sont, en général, moins estimées que celles d'Outre-Manche, connues sous le nom de *setters*.

Le *griffon* a des poils rudes et hérissés; il peut impunément pénétrer dans les fourrés les plus épais et braver même les épines des ajoncs; il nage bien, est dur à la fatigue et montre beaucoup d'intelligence. En somme, il serait parfait pour la chasse au bois et au marais, si son entêtement ne le rendait difficile à dresser.

Le *barbet* caniche est plein de douceur, de fidélité et d'intelligence; mais il quête lourdement, et, quoique doué d'un odorat exquis, il arrête difficilement. Aussi l'emploie-t-on assez rarement et seulement au marais.

Chiens couchants proprement dits. — L'origine de ces chiens est inconnue, mais de tout temps ceux de notre pays eurent une grande réputation. Il suffit de nommer, parmi les représentants des anciennes races, les chiens noirs de Saint-Hubert, qui furent en usage jusqu'à saint Louis, et auxquels succédèrent les chiens *gris* du roi; les chiens dits *du greffier*, formés par Louis XII, et les grands chiens *blancs* du roi, sous Louis XI, dont la race subsiste encore aujourd'hui et qu'on appelle chiens vendéens.

Disons un mot maintenant des principales races françaises de chiens courants.

La race *gasconne* est fort ancienne; elle n'a rien perdu de nos jours de sa beauté primitive; les chiens qui en font partie chassent le loup dans la perfection. La race gasconne a

formé avec celle de Saintonge une sous-race qui occupe aujourd'hui, à juste titre, la première place parmi les chiens français. Cette sous-race, dite *des chiens bleus de Foudras* (1), a obtenu à l'exposition universelle des chiens, en 1863, le grand prix d'honneur destiné au plus bel équipage de chiens français. C'est la meute de M. de Carayon-Latour qui a été l'objet de cette récompense.

Les chiens *vendéens* constituent une race encore très répandue en France, et qui mérite à tous égards la faveur dont elle est l'objet; leur seul défaut est peut-être de s'emporter en chassant.

(1) Cette sous-race a été formée au XVIIIe siècle, par un grand chasseur, M. de Foudras; on l'appelle aussi aujourd'hui race de Virelade. La création de l'équipage portant ce nom date de 1851.

Les griffons vendéens, si renommés pour la chasse du loup et du sanglier, ne sont qu'une variété de la race. Les chiens de Vendée donnent lieu à un commerce important. Dans les environs de Napoléon-Vendée, la plupart des cultivateurs se livrent à l'élevage du chien d'ordre, et quelquefois ils vendent un jeune chien d'un an, qui n'a jamais chassé, plus cher qu'un poulain ou une vache. Deux foires à chiens se tiennent annuellement à Napoléon-Vendée : l'une est fixée au deuxième lundi du mois de mai, l'autre au deuxième lundi du mois de juillet.

Le chien *normand* est une vieille race un peu lente mais remarquable par sa haute taille et l'ampleur de ses formes. Sa gorge retentissante le faisait autrefois rechercher dans la vénerie royale; il n'existe plus guère que par les souvenirs qu'il a laissés; il en est de même du chien de Larye et du chien Ceris.

Les chiens d'*Artois*, plus connus sous le nom de briquets d'Artois, étaient fort estimés pour la chasse du lièvre; autrefois ils étaient blancs et fauves, ils sont aujourd'hui tricolores. Quoique bien dégénérés, ils donnent encore lieu à un commerce important dans les départements du Nord et du Pas-de-Calais.

Les chiens dits *de Saint-Hubert*, de l'abbaye de ce nom, dans les Ardennes, étaient renommés comme limiers. — On appelle limier le principal chien de l'équipage. — Cette race, aujourd'hui introuvable dans notre pays, paraît s'être perpétuée en Angleterre, où elle a formé les races du *talbot* et du *blood-hound*.

Les chiens *gris*, amenés d'Asie par saint Louis, et qui formèrent si longtemps les meutes des rois de France, doivent être considérés comme à jamais perdus, et c'est un malheur, car ces animaux joignaient à un excellent tempérament une docilité parfaite.

L'ÉDUCATION DES CHIENS DE CHASSE

L'éducation qui développe nos facultés et fait d'un ignorant un être capable des plus grandes choses, a aussi une grande influence sur les chiens. Ceux-ci ont reçu de Dieu un instinct admirable, et quand cet instinct est encore perfectionné par les soins de l'homme, il produit des effets merveilleux dont les chiens de chasse entre autres offrent d'étonnants exemples.

L'éducation d'un chien est assez longue ; il faut, pour y réussir, être doué d'une grande patience. Avant de commencer à dresser un chien, il est bon de s'assurer de ses dispositions pour la chasse, quelle que soit d'ailleurs la race à laquelle il appartient. Pour cela, on le mène au printemps dans un champ nouvellement ensemencé, où l'on sait qu'il y a des perdrix ; on l'excite à chasser, et on le suit en l'animant de temps à autre par des cris. Si le chien cherche avec ardeur, s'il porte le nez haut, s'il fait lever du gibier, s'il le poursuit ou s'il s'arrête devant lui, on a tout lieu de croire qu'un dressage intelligent développera convenablement ces dispositions naturelles ; mais si plusieurs essais de ce genre demeurent infructueux, si le jeune élève, lors même qu'il serait accompagné d'un vieux chien bien dressé, demeure inactif et refuse de quêter, on doit l'abandonner, quelles que soient d'ailleurs ses qualités physiques.

L'éducation du chien d'arrêt se divise en deux parties : la première, l'éducation au logis, a pour but d'apprendre au jeune chien à marcher en laisse, à obéir au commandement du maître ; enfin à rapporter ; la seconde, ou l'éducation en plaine, apprend au chien à connaître le gibier, à quêter et finalement à arrêter. Avant de commencer l'éducation au logis, on mettra pendant quelques jours le jeune chien dans un endroit séparé, où l'on viendra soi-même lui apporter la nourriture, sans permettre qu'aucune autre personne ni qu'aucun chien s'approche de lui. On lui mettra ensuite au cou le cordeau destiné à faciliter son éducation. Ce cordeau, de la grosseur d'un fort tuyau de plume, se termine par une espèce de nœud coulant; il sert à diriger l'animal et peut devenir au besoin un moyen coercitif. Le premier exercice est celui du sifflet. On apprend au chien à s'approcher lorsqu'on siffle ou qu'on prononce le mot *ici!* Chaque leçon, d'une heure ou deux, doit être donnée deux fois par jour. Il faut user d'une grande douceur et ne châtier qu'à la dernière extrémité. On apprend ensuite au chien à se mettre dans une posture telle, que le nez, touchant la terre entre les jambes de devant, celles de derrière soient légèrement repliées sur le corps. On répète cette leçon jusqu'à ce que, aux mots : *Tout beau!* le chien se mette de lui-même dans la position indiquée, et qu'aux mots : *Ici, avance!* il vienne moitié rampant, moitié marchant, jusqu'au chasseur, qui est à quelques pas en avant de lui. Enfin, on s'occupe de le faire rapporter. Pour apprendre au chien à rapporter, on commence par lui jeter une petite pelote de coton. L'animal court après cette pelote, et, lorsqu'il la tient, on le rappelle en criant : *Ici, rapporte!* Après quelques jours de cet exercice, on se sert du chevalet ou moulinet. On appelle ainsi un petit morceau de bois entouré d'étoffe, et traversé par deux chevilles qui le soutiennent un peu au-dessus de terre, afin que le chien puisse le saisir avec sa gueule. Dès que l'animal a pris l'habitude de rapporter le chevalet sans hésiter, on lui fait rapporter du gibier mort, des perdrix, des cailles. Souvent les chiens ont la dent dure, c'est-à-dire qu'ils serrent trop entre leurs dents le gibier qu'on leur fait rapporter ; quelques-uns même se permettent de le manger ; on les corrige assez facilement de ce dernier défaut; quant au premier, il est rare qu'on parvienne à le supprimer complètement.

Ceci est l'éducation théorique; mais il est indispensable qu'elle soit suivie de l'éducation en plaine, qui est essentiellement pratique. Cette dernière a pour but d'apprendre au jeune chien à connaître son gibier, à quêter et arrêter *à patron.* Le plus souvent le jeune chien arrête d'instinct soit les alouettes, soit les petits oiseaux; s'il en est autrement, on peut procéder de la manière suivante. On prend une perdrix vivante, mais attachée avec une ficelle, et on la fait courir dans un champ. Lorsque la perdrix a tracé plusieurs voies, elle se blottit; on mène alors le chien, et on l'encourage à quêter en disant : *Allez, cherche!* S'il emporte sur la voie, on doit le calmer en disant : *Bellement, tout beau!* Lorsqu'il est près de la perdrix, on l'arrête court en criant de nouveau : *Tout beau!* puis on tourne plusieurs fois autour de lui pour l'habituer à tenir l'arrêt; dès qu'il aura arrêté de lui-même, on devra le récompenser en tuant la perdrix sous son nez et en la lui faisant rapporter. Il arrive souvent au jeune chien d'arrêt de courir sous l'aile, c'est-à-dire de courir sus aux perdrix dès que la pièce s'enlève; pour le corriger de ce défaut, on le rappelle d'abord sévèrement, puis, si cela ne suffit pas, on l'arrête au moyen du collier de force.

Lorsque le chien tient ferme à l'arrêt, on lui apprend à quêter, c'est-à-dire à chercher le gibier en battant la plaine devant le chasseur. Il faut veiller à ce qu'il ne marche pas droit devant lui sans fouiller ni à droite ni à gauche, en faisant ce qu'on appelle *quête de loup*. Quand un chasseur mène plusieurs chiens, il est indispensable de les dresser à arrêter *à patron*, c'est-à-dire à s'arrêter tous ensemble et immédiatement, lorsque l'un d'eux tient l'arrêt.

Pour nous résumer, nous dirons qu'un chien d'arrêt bien dressé doit présenter les qualités suivantes : 1° être d'une docilité parfaite; 2° quêter d'une manière vive, assurée, en prenant le vent; 3° tenir l'arrêt ferme jusqu'à ce que le chasseur arrive; 4° rapporter, soit sur terre, soit dans l'eau, toute pièce abattue ou blessée, sans la meurtrir, la plumer ou la déchirer ; 5° ne jamais courir au coup de fusil d'un chasseur autre que son maître.

L'éducation des chiens courants n'a, à proprement parler, qu'un but : l'obéissance qui doit être absolue ; celle des limiers commence à un an ou dix-huit mois ; les qualités essentielles de cette espèce de chien sont la finesse de l'odorat, la docilité et un mutisme complet.

Raisonnement... d'un chien.

Lorsque le chien, en suivant une piste, rencontre un carrefour, il s'arrête, hésite un instant entre les trois routes qui s'ouvrent devant lui, s'engage d'abord dans la première en flairant avec précaution, puis, revenant sur ses pas, explore la seconde de la même manière, et alors, ayant reconnu que sa proie n'a pu passer ni par l'une ni par l'autre, et sachant pourtant qu'elle a dû passer quelque part, il s'élance comme un trait dans la troisième route, guidé par un raisonnement qui le dispense d'une troisième exploration.

CHIENS D'ARRÊT FRANÇAIS ET ANGLAIS

Comparaison.

D'une vigueur incomparable, doué d'un odorat exquis, admirablement mis, s'il a été dressé en Angleterre, obéissant au geste comme à la parole, tombant comme foudroyé aussitôt que son nez lui apporte le sentiment du gibier, puis restant immobile comme s'il avait été changé en pierre, le pointer est la plus admirable machine de chasse que le génie et la persévérance de l'homme soient jamais parvenus à fabriquer. Souriez, messieurs les anglomanes, mais laissez-moi ajouter que lorsque nous voulons nous approprier ce merveilleux instrument sans, en même temps, adopter la méthode de chasse pour laquelle il a été façonné, nous ressemblons à un musicien qui prétendrait jouer du violon avec le dos de son archet !

Cette méthode ne ressemble pas plus à la nôtre que le tempérament des deux chasseurs qui les utilisent. L'Anglais, froid, calme, solennel, traitant la chasse plus comme une affaire que comme un plaisir, ne prise exactement dans le chien que les services qu'il peut lui rendre ; c'est un outil indispensable comme le fusil. Rien de moins, mais rien de plus. Il ne connaît pas toujours les noms des hôtes de son chenil ; le plus souvent ce n'est point à lui qu'ils obéissent. Le piqueur qui les a dressés, qui les soigne, accompagne le maître, tenant en laisse le *retriever* ou chien de rapport. Il dit : « *All hopp,* » allez en avant ; pointers ou setters s'élancent à fond de train et se croisent devant les chasseurs. Doivent-ils aller à gauche, l'homme lève le bras gauche ; le bras droit s'il faut se diriger sur la droite ; s'il veut qu'ils s'arrêtent, il crie : « *Down!* » fussent-ils une demi-douzaine, tous se couchent immédiatement. Le chasseur avance sans se presser, il n'en a pas besoin. Quand il a tiré, le piqueur découple le retriever qui ramasse les pièces tombées. Pas un pointer ne bougera jusqu'à ce qu'un nouvel appel les rende à leur triple galop.

Vous figurez-vous ce que doit devenir cette perfection, cette correction et cette violence d'allures quand, des chasses plantureuses de la Grande-Bretagne, on les transplante dans nos plaines dépeuplées où un rare gibier, incessamment traqué, ayant accentué sa sauvagerie, tient si difficilement l'arrêt, quand le pauvre animal passe aux mains d'un maître impétueux, turbulent, distrait et le plus souvent passablement inexpérimenté, quand on lui donne pour compagnons une demi-douzaine d'autres chiens imparfaitement dressés, mais d'allures rassises, que la course folle de ce vivant vélocipède a tout de suite ahuris ? Avez-vous l'idée du concert de cris, de malédictions, quand ce n'est pis, qui doit s'en suivre ?

Le chien d'arrêt français au contraire — et par chien français j'entends, sans distinction de race, le chien appartenant à un de nos compatriotes, — est quelquefois un commensal et toujours un ami. Le plus souvent il tient son emploi en chef et sans partage et il cumule aussi l'arrêt et le rapport, c'est là le secret des privilèges que peu à peu son maître lui concède. S'il n'a pas ses petites entrées dans l'appartement, ce maître manque rarement à le visiter tous les jours, il le caresse, il le promène, et autorise certaines petites privautés qui raccourcissent les distances établies par la nature entre le bipède et le quadrupède. Jamais un chien, dans ces conditions, n'atteindra à la réduction que l'on obtient de l'autre côté du détroit. Il arrêtera solidement peut-être, mais il ne se croira pas déshonoré pour s'échauffer sur la piste d'une perdrix piettant devant son nez. Moins passif, il a plus d'initiative ; moins discipliné, il est plus capable de ces hauts faits qui, devenus légendaires, étonneront les générations futures.

Le chien d'Elzéar Blaze, coupant l'eau avec sa patte, afin de mieux saisir les émanations d'une sarcelle qui venait de plonger, devait être un chien français, peut-être même un chien gascon. Chien français celui qui distingue une perdrix blessée dans la compagnie et va la chercher dans un buisson à trois ou quatre cents mètres, et celui qui, en arrêt dans un fourré, quitte son gibier, pour venir chercher et y conduire son maître. J'ai eu un grand griffon qui, gâté comme nous les gâtons, était assez sujet à s'emporter. Pour le mettre en garde contre la véhémence de ses passions, j'avais pris l'habitude de lui administrer, avant d'entrer en chasse, une petite raclée de précaution ; c'était une manière de lui dire comme le Marseillais : « Juge un peu, si tu me fais quelque chose ! » Un jour, au moment de le saisir par la peau du cou, je m'aperçus que mon chien boitait ; mes dispositions flagellantes firent place à une certaine inquiétude. Cependant l'examen attentif de la patte et du pied ne me fit rien découvrir, et je me mis en campagne en me disant que le membre malade s'échaufferait probablement. En effet, il s'échauffa si bien qu'au bout de dix minutes le chien avait recouvré tous ses aplombs ; mais le lendemain, au moment critique, la claudication reparut et, depuis lors, je n'avais qu'à toucher mon fouet pour que le griffon marchât sur trois pattes. Cette boiterie préventive, opposée à une correction préventive aussi, est un trait de génie qui ne peut être inspiré que par un long contact et une profonde intimité avec le diable ou avec l'homme.

Ce qu'il y a de curieux, c'est que les trois quarts de nos compatriotes célèbrent à l'envi la douceur avec laquelle le dressage anglais procède envers les chiens comme envers les chevaux. En réalité, ce dressage est impitoyable ; la plus petite faute, la plus légère incorrection est châtiée de façon à produire sur l'animal une impression profonde et durable ; de plus, le coupable, immédiatement mis à la laisse, est tenu au pied, tandis qu'un de ses camarades prend sa place dans la quête. Allez donc user de pareilles rigueurs envers des animaux auxquels on a laissé prendre un rang dans la famille. Je voyais, un jour, un de mes compagnons fustiger son chien avec une menue ficelle qui lui servait à l'attacher. Le cas était grave et je crus devoir lui offrir mon fouet qui me semblait mieux proportionné au péché. — Oh non ! me répondit-il avec vivacité, ma petite fille verrait les traces des coups sur la peau de Trim, elle pleurerait et ma femme me gronderait !

Et maintenant, pour en finir avec ce verbiage, si vous tenez à savoir quel est, à mes yeux, le meilleur chien, je vous répondrais que c'est celui qui a la chance d'appartenir au chasseur à la fois le plus actif et le plus habile. Tel maître, tel valet, dit le proverbe ; tel maître, tel chien, serait d'une vérité plus saisissante. On prétend qu'un peuple a toujours le gouvernement qu'il mérite ; le chasseur n'a jamais que le chien dont il est digne.

G. DE CHERVILLE.

ENCORE POUR LES CHASSEURS

> Tous les chiens sont plus ou moins chiens de chasse. Tous les chiens de chasse sont des chiens courants. Cette règle générale ne souffre pas d'exception. TOUSSENEL.

La passion de la chasse est la dominante caractéristique de la race canine. C'est dans l'exercice de cette industrie que se développent ses facultés intellectuelles ; c'est là seulement qu'il faut prendre le chien pour le juger.

Avant l'invasion du fox-hund, la France, patrie des illustres héros et des illustres veneurs, était aussi la patrie des nobles races canines, comme elle avait été précédemment celle des nobles chevaux. On y distinguait quatre principales familles de chiens courants :

Le chien d'ordre pour courre le cerf, le daim, le loup, le sanglier..., un chien de haute taille, au poil rude, blanc ou fauve, à la large poitrine, à la gorge sonore, aux oreilles larges et pendantes, ayant l'ouest pour patrie. C'est le type original des chiens de Normandie, de Bretagne, de Poitou, de Saintonge, type qu'on retrouve altéré jusque dans la race anglaise. Toutes ces variétés d'un même type national étaient également généreuses, pleines de mépris pour le renard et la bête puante; elles étaient incomparables pour la finesse de l'odorat, pour la discipline, pour la persévérance et pour la beauté des voix.

A côté du grand chien de l'Ouest, blanc ou fauve, figuraient avec honneur le chien noir de Saint-Hubert et le chien bleu. Le chien noir aux sourcils de feu, aux pattes de même couleur, moins haut sur jambes que le chien de Normandie, moins disciplinable, mais plus vite, plus ardent et plus rude, plus propre pour chasser seul ; le chien bleu tenant du chien de Saint-Hubert et du mâtin, bas sur jambes et rablé, fleurdelisé partout, moucheté de feu et de noir, poitrail de dogue, oreilles noires traînantes, lent d'allures mais riche de gorge et capable de coiffer un sanglier à lui tout seul. Habitantes de forêts d'où les cerfs sont partis, où le sanglier et le loup se chassent en battue, ces deux races ne fournissent plus depuis longtemps que de méchants harpaillons de lièvre ou de renard, et leur sang s'est perdu.

Une troisième race charmante et primitive et plus particulière aux contrées de l'Est, à la Bourgogne, à la Franche-Comté, à la Bresse, est celle des *petits hurleurs :* robe blanche, constellée de larges taches fauves, oreilles moyennement longues, physionomie mutine et éveillée, chassant le lièvre avec un entrain merveilleux. Je ne sache pas au monde de chasse plus charmante que celle du lièvre mené bon train par douze hurleurs de même pied. N'a rien ouï en fait de musique de chasse qui n'a pas entendu un *tutti* de hurleurs partant sur un lancer à vue. Je sais des gens qui, après avoir goûté de cette musique, n'en ont plus voulu d'autre. Le don de hurler, c'est-à-dire de pousser à la fois quatre à cinq aboiements qui se gênent n'est pas particulier à la race que je signale. On rencontre des hurleurs dans presque toutes les bonnes races de chiens courants.

Vient en quatrième ordre la race du *basset :* long corsage, pattes courtes et torses, reins larges, oreilles démesurées, physionomie grave et magistrale, admirable basso. Le basset de bonne souche est plein d'excellentes qualités. Il chasse généralement tout ce que les grands chiens ne chassent pas. J'en ai vu de très forts néanmoins qui chassaient dans la perfection le sanglier, le cerf, le chevreuil, voire le loup. Le basset est le plus lent de tous les chiens. C'est le chien du braconnier, le chien du petit chasseur et de la petite propriété. Rien de plus facile que de lui apprendre à chasser le gibier à plume, la caille, la mauviette. Sa perfide lenteur, qui fait que le gibier chassé le méprise et trottine en s'amusant devant lui au lieu de prendre parti, cause tous les jours la mort d'une multitude infinie de chevreuils et de lièvres. Le basset n'a pas de répugnance pour la bête puante, mais le lapin est son gibier de prédilection. Il n'est pas de chasse plus mortelle au faisan que celle du basset, la nuit. C'est peut-être pour cela qu'on ne donne jamais, dans les tableaux de peinture, d'autre escorte au garde qu'un basset ; *braconnier comme un garde*, dit le proverbe.

J'ai omis de parler du chien terrier, du bigle, du chien de fouine, du barbet, qui sont des espèces métisses. Les *bauds*, les grands chiens blancs de Barbarie, qui tiennent tant de place dans nos annales de vénerie, ne me paraissent pas différer essentiellement du type vendéen. Du reste, l'éducation a introduit de telles modifications dans la conformation de l'espèce, qu'il serait tout à fait impossible à l'anatomiste d'aujourd'hui d'assigner une commune origine à telles ou telles familles de chiens, d'après l'inspection de leurs crânes.

On peut affirmer que les dix-neuf vingtièmes des chiens courants de France proviennent des quatre types que je viens de décrire, bien qu'il soit à peu près impossible de suivre les filiations de chacun de ces types à travers les vingt races de chiens que nous possédons.

LA SAINT-HUBERT

C'était jadis un grand jour que le 3 novembre, une belle fête que la Saint-Hubert ; ce jour-là, le soleil d'automne se levait radieux, le ciel était calme et pur, la brise fraîchissait doucement. Dans les bois, silencieux encore, le cerisier élevait ses feuilles d'un rouge vif et la bruyère laissait s'incliner vers la terre sa dernière fleur fanée. Du haut du dôme ou de la flèche gothique, la cloche à la voix puissante appelait à la prière ; une foule animée et brillante remplissait l'église, puis, à peine le sacrifice divin achevé, se précipitait en tumulte dans la plaine, dans les bois, dans les garennes, car tout le gibier que les chiens de toute espèce, les armes de toute sorte pouvaient atteindre étaient de bonne prise le jour de saint Hubert ; c'était la chasse populaire.

Quelquefois, au fond d'une forêt, sur l'autel en ruine élevé par la piété d'un pèlerin à saint Hubert ou à Notre-Dame-des-Bois, un prêtre, lisant dans un missel enfumé, disait la messe du bienheureux patron. Autour se pressaient les veneurs debout et découverts, la trompe au col, le couteau de chasse à la ceinture, les valets de limier tenant les limiers à la botte, les piqueurs contenant sous le fouet la docile impatience des chiens couplés. Plus loin, les chevaux attachés frappaient la terre en frémissant et complétaient le tableau que couvrait de son ombre la grande voûte de la futaie. A la consécration, les trompes faisaient entendre la Saint-Hubert ; à ce bruit tant aimé, les chevaux hennissaient, les chiens s'écriaient d'ardeur, et cet éclat soudain allait troubler au loin la tranquille solitude de la forêt. Cependant le clerc bénissait le pain des veneurs qui devait, pendant l'année, préserver le chenil du fléau de la rage ; puis après, quand la dernière parole de prière s'envolait des lèvres, les veneurs étaient en selle, et le gai cortège se hâtait ; car les revoirs étaient beaux, la brisée bonne, le succès certain pour les pieux disciples du grand saint Hubert. Bientôt la forêt s'animait d'une vie nouvelle au beau langage des veneurs, aux cris plaisants des chiens. L'animal bondissait de la reposée, la chasse partait entraînante, acharnée, avec ses voix pressées et confuses ; la fanfare courait joyeuse et rapide, les chevaux dévoraient l'espace. Oh ! c'était toujours une belle chasse que la chasse de saint Hubert ; et le soir, à l'entour du foyer, on disait les merveilleuses histoires de chasse, les légendes naïves ; on transmettait les traditions, les enseignements du noble art de vénerie ; on lisait les grands maîtres, le chevaleresque Phébus, le bon du Fouilloux, curieux et naïf témoin des mœurs de son temps. C'était une belle fête que la Saint-Hubert !

Le culte de nos pères envers saint Hubert venait de la fête des Gaulois en l'honneur de Diane. Au VIe siècle encore, cette fête était célébrée dans les Ardennes. Le saint diacre Vulfilaic substitua à l'idole un monastère et une église dédiés à saint Martin, longtemps patron des chasseurs de cette province ; ailleurs, saint Germain, évêque d'Auxerre, veneur renommé, était en grande vénération. Au Xe siècle, saint Hubert devint et resta seul le patron des chasseurs ; la dévotion envers lui commença lors de la translation de son corps dans la forêt des Ardennes chez les moines d'Andain ; cette translation, dont il est parlé au concile d'Aix-la-Chapelle, fut faite par Louis le Débonnaire lors de ses chasses dans les Ardennes ; elle eut lieu le 3 novembre, et ce jour devint celui de la fête des chasseurs.

Fils de Bertrand, duc d'Aquitaine, successeur de saint Lambert au siége épiscopal de Maestricht en 696, évêque de Liège en 710, saint Hubert mourut le 30 mai 730. Avant de sanctifier ses jours, il s'était livré à la chasse avec passion. La race de ses chiens, longtemps conservée dans nos provinces, subsistait encore en 89. Une abbaye, fondée en son nom par nos rois, fut constamment protégée par eux. En reconnaissance, et jusqu'à la révolution, l'abbé de Saint-Hubert envoyait au roi de France, tous les ans au mois de juillet, six chiens de Saint-Hubert conduits par deux chasseurs que présentait au roi l'introducteur des ambassadeurs ; la couronne donnait, en retour, des aumônes pour la chapelle.

LES CHIENS DE NUIT

ou la terreur des braconniers.

Le mois d'août est l'époque des vols de gibier ; en France nous nommons cette classe de voleurs les braconniers, en Angleterre on les appelle *poachers*.

La nuit est sombre, la brise presque insensible ; sept ou huit hommes, dispersés dans la campagne, ont écouté le chant du soir des perdreaux ; ils ont observé les lieux qu'ils ont choisis pour attendre le jour. S'avançant doucement, ils piquent en terre de longues perches sur lesquelles est fixé le filet. Tandis que les uns maintiennent ces perches, d'autres s'éloignent et reviennent en opérant une battue.

La nuit, le perdreau vole très près de terre.

Les braconniers s'avancent donc, frappant deux pierres l'une contre l'autre ; un bruissement d'ailes se fait entendre : c'est la compagnie de perdreaux qui s'envole.

Peu d'instants après, des cris aigus mêlés de battements d'ailes indiquent que, tout entière, la compagnie a frappé dans le filet qui a été rabattu sur elle.

La besogne est vite faite. On ouvre un grand sac, chaque homme brise entre ses dents la tête des oiseaux et les jette pêle-mêle dans leur tombe de toile.

Nous avons vu un braconnier pris sur le fait. Sa longue barbe était tout ensanglantée et toute dégoûtante de débris de cervelles.

Parfois la fête est troublée et les gardes se présentent. Les coups de feu retentissent, l'obscurité s'éclaire, les détonations se mêlent aux cris, et le lendemain on trouve un homme mort dans un fossé, le corps percé d'une balle.

C'est l'œuvre des braconniers.

Il nous semble inutile de décrire ici les différents modes de braconnage au filet ou au fusil.

Nous présentons simplement un moyen de défense absolu, le *seul* qui soit un obstacle sérieux au vol du gibier, moyen qui est à la portée de tous et devient une protection efficace du garde qui doit surveiller les terrains de chasse.

C'est en Angleterre qu'il nous faut aller chercher cet exemple et les chiens. Les *night's dogs*, ou chiens de nuit, tiennent du mastiff et du bull-dog. Leur couleur est généralement sombre, noire ou fauve zébré de noir. La physionomie est farouche, le corps long, les épaules épaisses, le cou puissant, les quartiers aux muscles saillants. C'est bien l'aspect de la force servie par le courage.

Leur dressage est simple. On les habitue, dès leur plus jeune âge, à suivre derrière les talons du maître et à ne jamais les quitter que sur son ordre. On leur fait suivre une piste ou traînée faite au moyen de souliers pris à un étranger, et peu à peu on augmente le point d'arrivée de celui du départ. Après un nombre suffisant de leçons, le jeune chien de nuit prend *seul* la piste de tout étranger qui passe sur le canton où on le promène.

Lors de sa tournée de nuit, le garde est immédiatement averti par son chien du passage d'étrangers, et, le laissant faire, le suivant, en le tenant attaché par une longue corde, il est dirigé vers les points où les vols peuvent se commettre.

Les *night's dogs* sont dressés à se précipiter sur des mannequins habillés de guenilles au moindre signal de leur maître, et nous avons vu des hommes de la plus haute stature jetés facilement à terre par ces chiens qui sont du reste presque toujours muselés.

Ils sont, en Angleterre, la terreur des braconniers, et un garde accompagné d'un de ces chiens vaut certainement six gardes qui courent la nuit à l'aventure sur des ennemis invisibles. Sa confiance est absolue, parce que son chien l'avertit aux moindres émanations qu'il perçoit d'un passage insolite, et il sait qu'au moindre signal son défenseur se précipitera au devant du danger. Il y a peu de temps, une revue de sport anglaise enregistrait les exploits d'un chien de nuit qui avait terrassé successivement, quoique grièvement blessé d'un coup de feu, trois braconniers qui s'étaient introduits dans le parc d'un propriétaire du Yorkshire.

Nous avons nous-même employé depuis longtemps cette race de chiens utiles à tous les points de vue, et là où le braconnage au fusil, au collet, au filet existait, il disparut immédiatement devant les chiens de nuit. Ils sont aussi la terreur des voleurs d'œufs de faisans ou de perdrix qui parcourent les plaines au printemps avec un chien ; car ce chien généralement paye de sa vie son incursion sur le terrain d'autrui, en même temps que son maître est forcé de ne pas avoir recours à la fuite, s'il ne veut être arrêté par le *night's dog*.

On ne saurait taxer d'inhumanité ce moyen de défense. Il suffit d'énumérer chaque année la liste terrible des victimes faites par les braconniers, et, pour nous, il est hors de doute que les terrains de chasse soumis à la surveillance de gardes accompagnés de *night's dogs* seront toujours peuplés, offriront à leur propriétaire les plaisirs sur lesquels il a le droit de compter, en lui enlevant les tristes préoccupations et les obligations qui résultent de l'assassinat d'un garde ayant fait son devoir.

PAUL CAILLARD.

La société centrale pour l'amélioration des races de chiens a décerné, au mois de juin 1882, les prix d'honneur, aux exposants dont voici les noms :

Race Dupuy : M. Caille. — Race Saint-Germain : M. Alfred Collet. — Pointers : M. Paul Caillard. — Barbets : M. Puech. — Setters : MM. Burschell et Paul Caillard. — Levarachs : M. Branicki. — Ratiers : M. Paul Caillard. — Lévriers : M. Paul Caillard. — Chiens de bergers : M. Foussemagne. — Chiens de garde : M. le duc de Leuchtenberg. — Caniches : M. de Dreux-Brézé. — Vendéens : M. de Baudry d'Asson. —

Griffons : M. Benoît-Champy. — Bâtards : MM. de Vauguyon et Benoît-Champy.

Une exposition cynologique internationale vient de s'ouvrir à Hanovre. On y voit des chiens de toutes races. La France y est représentée par un lot de chiens superbes, envoi du Jardin zoologique du bois de Boulogne.

Parmi les spécimens anglais, il y en a qui atteignent des prix fabuleux. Un chien de berger écossais est estimé 5,000 fr., un autre, le Champion-Zoulou; 25,000 fr. Deux chiens de loutre écossais, Glaucert et Governess, achetés en Angleterre l'année dernière au prix de 1,000 marcs chacun, excitent un vif intérêt. En quatre vingt-dix jours de chasse, ces animaux ont tué dernièrement cinquante loutres.

MÉDOR, LE DOYEN DE LA MEUTE

ou le respect dû à la vieillesse.

Enfants, honorez la vieillesse,
Dieu demande pour elle égards et soins constants;
Il veut voir respecter par la tendre jeunesse
La majesté des cheveux blancs.

Médor, jadis chasseur habile,
Longtemps la terreur du gibier,
Mais devenu vieux et débile,
Avait encor l'amour de son ancien métier.
Suivant la meute avec courage,
Il regrettait souvent sa force et sa vigueur;
Mais il joignait du moins à des restes d'ardeur
L'expérience de son âge.

Lorsque les jeunes chiens écoutaient ses avis,
Ils étaient toujours sûrs d'avoir de bonnes aubaines.
Médor avait tant vu, tant couru, tant appris,
Connaissait si bien le pays
Qu'il n'indiquait jamais que manœuvres certaines.
Aussi la meute au vieux Médor
Rendait plus de respect que les Grecs à Nestor (1).
C'était chose vraiment touchante,
De voir de quels égards il était entouré :
On saluait son oreille pendante,
Dont le bout par le plomb était tout déchiré.
Quand la soupe était apportée,
Nul n'y touchait avant qu'il ne l'eut dégustée.
Etait-on sur la piste, et le pauvre Médor
Se voyait-il forcé de quitter la partie?
Pour calmer ses regrets excités par le cor,
Ou Brifaut, ou Finaut lui tenait compagnie;
Et toujours cette attention
Leur était bien payée en bonne instruction.
Pour rappeler ses jours de fête,
Et lui donner quelque plaisir,
Du côté de Médor on ramenait la bête;
Et tandis qu'il chassait, ou Pluton ou Zéphir,
Complaisants envers sa vieillesse,
Le suivaient, protégeant au besoin sa faiblesse.
Un jour, un jeune chien, étourdi, mal dressé,
Plein d'orgueil et de suffisance,
En voyant revenir Médor tout oppressé,
Se mit à le railler avec irrévérence.
Pour prix de sa lâche insolence
Il fut honni, hué, chassé,
Et la vieillesse outragée
Fut vengée.

Enfants, honorez la vieillesse,
Dieu demande pour elle égards et soins constants;
Il veut voir respecter par la tendre jeunesse
La majesté des cheveux blancs.

LAURENT DE JUSSIEU.

(1) Le plus âgé des princes qui assistèrent au siège de Troie. Il était roi de Pylos.

BIBELOTS VIVANTS

J'avais cru, que dans notre siècle positif par excellence, il n'y avait plus de place pour les bibelots vivants, pour les *toutous,* idoles de leurs maîtresses ; il paraît que je m'étais trompé, car voici ce qu'un spirituel écrivain dit à ce sujet : Le bibelot préféré, le bibelot coûteux, inutile, mais adoré, qui, en ce moment, triomphe de tous les autres, c'est le petit chien.

On voit aux courses d'automne, ce prince Charmant à quatre pattes, porté sur le bras des plus fières châtelaines. Jamais le caprice féminin n'a élevé si haut ce favori, dont l'empire subsiste depuis plusieurs siècles.

Les troubadours, les pages, les chevaliers, les petits-maîtres, les incroyables et les poètes badins, tous ces serviteurs de la beauté ont disparu à jamais. Seul, le petit chien a gardé sa place sur les genoux, sa place près du cœur, son droit au sourire, aux douces paroles et aux caresses.

Anne d'Autriche n'aima que les king's-charles — sans doute parce qu'ils étaient Anglais ; — Mme de Sévigné raffolait des chiens de Malte ; Marie Leckzinska perdit l'affection de son royal époux à cause, dit-on, de sa folle passion pour les bichons. Les carlins firent les délices de la cour de Marie-Antoinette, et les poétiques levrettes furent les confidentes des héroïnes de la Restauration.

Aujourd'hui griffons d'Ecosse et minuscules terriers, carlins et bichons trouvent des admiratrices. Mais je vois apparaître depuis quelque temps un seigneur blanc et feu, marchant sur les soies splendides de ses oreilles avec des pattes lilliputiennes.

Les plus illustres peintres du dix-huitième siècle ont fait son portrait.

Moreau-le-Jeune l'a représenté en héros de conte de fées, sous la figure du chien qui secoue des pierreries.

C'est un joyau-quadrupède, égal par sa beauté à tout ce qui est exquis dans le monde : les roses, les oiseaux-mouches et les diamants.

Cette espèce de chien sans rivale fut autrefois possédée uniquement par les opulents lords de Blenheim. Gardés avec un soin jaloux, les spanish Blenheim étaient offerts en cadeaux princiers.

Les salons et les cœurs parisiens se sont ouverts à ses descendants.

Les « Blenheim » ne portent pas de harnachement comme les terriers. On leur met un collier souple en velours pourpre ou bleu de roi, avec leurs armoiries gravées sur un médaillon d'argent qui pend au collier.

Dans la maison, des bouffettes de ruban complètent leur tenue de cérémonie.

Charmants toutous, si aimables qu'on vous pardonne d'être aimés, je ne saurais blâmer la faiblesse de vos protectrices, vivez en paix entre votre coussin de velours et votre bol de Sèvres, voyagez dans le sachet, réchauffez-vous dans le manchon, passez de longs jours en croquant des gimblettes. Puisse la bonté du ciel vous préserver des rhumes, des voleurs, et des sergents de ville !

COMMENT BASSET EMPORTE UN LIÈVRE

Un riche négociant des environs de Vaud avait un petit basset également bon au poil et à la plume ; bien que peu robuste, cet animal, plein d'activité et de courage, rapportait souvent de très loin des levrauts presque aussi gros que lui. On était d'autant plus surpris de cette vigueur qu'on ne pouvait concevoir comment, étant si petit, il pouvait se charger d'un fardeau qu'il eût difficilement traîné avec les dents.

Toujours étonné de l'espèce de tour de force que le basset renouvelait souvent, son maître cherchait depuis longtemps l'occasion de vérifier le fait, elle se présenta enfin. Un matin qu'il chassait, un énorme lièvre part sur le penchant d'une colline, le négociant le couche en joue et le blesse. Bien qu'atteint, le lièvre s'enfuit, mais le basset est déjà sur ses traces, il suit ardemment sa course et tous ses détours.

Ayant jugé que sa proie ne pouvait aller plus loin, le chasseur double le pas pour gagner un monticule, et il arrive à temps pour observer à son aise la manœuvre et l'allure de son chien.

Ayant eu d'abord la précaution d'étrangler le lièvre, le basset le tenait fortement à la gorge et le tirait par secousse réitérée. Il le traîna ainsi l'espace de plus de deux cents pas sans se rebuter ; il le plaça peu à peu sur la pointe d'une taupinière élevée, puis, s'étant baissé, il fit glisser sur son dos le corps du lièvre ; il l'y chargea avec autant d'adresse que pourrait le faire un portefaix qui déménage un meuble, puis, ayant pris le chemin le plus court, il apporta tout joyeux, aux pieds de son maître, la pièce de gibier qui le cachait presque entièrement.

LES COURSES DE CHIENS EN ANGLETERRE

Le Derby des lévriers.

En Angleterre, on a fait courir des lévriers bien longtemps même avant qu'on ne songeât à faire courir des chevaux.

Le *Coursing* est avec la chasse dont il dérive le sport le plus ancien des Anglais. Il existait déjà du temps de la reine Elisabeth qui raffolait de ce genre de sport. Il constitue l'un des trois grands événements annuels de la vie sportive anglaise.

Le *Coursing* n'a de commun avec les courses de chevaux que *la vitesse*. Arriver au but le premier est la seule chose qu'on demande au cheval. Du lévrier on exige bien davantage. Arriver premier ne suffit plus : il faut qu'il saisisse ce but qui fuit avec une vitesse... de lièvre et le saisisse dans des conditions particulières, d'après des règles établies, en suivant certaines formules en quelque sorte.

Si le but — le lièvre — fait des crochets, marque des angles, décrit des courbes, on exige, sous peine de disqualification, que le lévrier en course décrive les cercles, marque les angles, fasse les crochets. Et pour être proclamé le vainqueur, il ne suffit pas d'une épreuve ; le lévrier doit renouveler ses prouesses autant de fois qu'il y a de couples engagés dans la course.

Aussi, n'en déplaise à mes amis du Sport hippique, je trouve que les courses de lévriers offrent une variété de spectacle plus grande, une émotion plus passionnante, un intérêt plus intense que les courses de chevaux.

Prendre un lièvre avec une couple de lévriers n'est pas le but du *Coursing*. Quel est celui des deux chiens qui déploie le plus d'adresse, de courage, de vitesse dans cette prise, voilà ce que l'on veut constater. Le vainqueur d'une course n'est pas toujours celui qui a pris et tué le lièvre. Le principe sur lequel se base le jugement de toute course est celui-ci : *La course doit appartenir à celui des deux lévriers qui a le plus contribué à la prise du lièvre.*

D'après ce principe, le *Coursing* est divisé en plusieurs performances du lévrier, évaluées par des points. Le lévrier qui a marqué le plus de points est le vainqueur de la course. Ainsi un, deux, ou trois points de *vitesse* sont comptés au chien qui, dépassant son adversaire, arrive premier sur le gibier ; des points dans la même proportion pour le *crochet* ou l'*angle* que l'un des chiens fait faire au petit quadrupède qui fuit. Enfin, après quelques autres phases du *Coursing*, un peu longues pour être décrites dans ce cadre restreint, un, deux ou trois points pour la *mort* du lièvre sont comptés au lévrier qui tue selon que le coup de mâchoire a été plus ou moins vif ou adroit.

Ces appréciations très délicates des performances du lévrier sont faites par un spécialiste, le *juge*. Il est aidé par son *sliper* dont les fonctions consistent à tenir les lévriers qui vont courir l'épreuve, au moyen d'un accouple à ressorts — le *slips* — et lâcher les chiens sur le lièvre au moment propice.

Dans toute course, les entrées de lévriers doivent, autant que possible, former un nombre multiple de deux ; il y a donc des courses de quatre, de huit, de seize, de trente-deux, de soixante-quatre et même de cent vingt-huit chiens.

La veille du *meeting*, les propriétaires des chiens inscrits et des amateurs intéressés se réunissent à proximité du lieu où les courses doivent avoir lieu.

Qu'on se figure, comme champ de course, des pâturages s'étendant à perte de vue, coupés de haies vives, de petits cours d'eau provenant des drainages, de bouquets d'arbres et de métairies isolées. Jamais dans ces campagnes on ne tire un coup de fusil sur un lièvre ; *pusy*, selon l'expression des amateurs du sport, est entièrement réservé au *Coursing*. Il n'y a pas de braconniers non plus, tous les paysans sont des éleveurs ou des entraîneurs de lévriers.

Une foule immense, formée en cercle, borde l'horizon vert de la plaine ; des policemen, porteurs d'écriteaux sur lesquels on lit : *Stop-here* (arrêtez-vous ici), contiennent cette foule peu bruyante du reste.

Le juge monte à cheval ; il a la tenue correcte de notre chasse à courre : habit rouge, culottes blanches, bottes à revers jaunes, cape de velours noir. Il s'assure que ses foulards indicateurs, rouge dans sa poche gauche, blanc dans sa poche droite, sont bien à leur place, puis il prend le galop vers le centre de la plaine.

Le porte-fanions dispose ses deux petits drapeaux — l'un rouge, l'autre blanc — et s'apprête à déployer la couleur que lui indiquera le juge, au moyen de son foulard s'il est hors de portée de sa voix.

Le *sliper* tient en laisse les deux premiers chiens inscrits au programme ; les lévriers portent au cou, l'un une bande rouge, l'autre une bande blanche, couleurs correspondantes à la gauche et à la droite du programme...

Tout à coup un lièvre arrive, ventre à terre, du fond de la plaine, fuyant les rabatteurs... Il fait un crochet à la vue du sliper et des chiens. Mais celui-ci a saisi précisément ce moment-là, il court avec ses lévriers dans le *slips,* saute un fossé avec eux, puis les lâche, à deux cents mètres, derrière le lièvre...

Un immense murmure court dans la foule.

La course est commencée.

Le premier couple — je supposerai encore — est composé d'un superbe chien fauve et d'un chien bringé. Celui-ci est à droite du programme et porte la bande blanche au cou ; celui-là est à gauche et porte la bande rouge.

Le fauve gagne de vitesse son adversaire ; il dévore l'espace et s'approche à vue d'œil du lièvre fuyant... il le rejoint ; mais le malheureux fuyard, les oreilles couchées à plat sur son échine, se dérobe et fait un angle sur la gauche !... Trois points pour *la vitesse* et deux pour l'*angle* au lévrier fauve !

Cependant l'adversaire, arrivant à son tour, a suivi l'angle décrit par le lièvre et prend l'avance maintenant. Pressant le petit quadrupède, il lui souffle au poil et lui fait décrire trois ou quatre crochets successifs... Autant de points à l'avoir du bringé ! Mais le fauve, que sa vitesse, même avait dévoyé est revenu sur son gibier... Ne pouvant le saisir, il lui donne un coup de museau sous le ventre et l'envoie rouler à dix pas en avant. Deux points de *trébuchet* au chien fauve !...

Avant que le malheureux gibier, bien preste cependant, ne soit revenu de son étourdissement, un coup de mâchoire lui a brisé net l'échiue. Trois points de *mort* au chien fauve. Il n'y a pas d'erreur possible, il a marqué le plus de points...

Le fanion rouge est déployé... Le premier vainqueur des trente-deux couples est proclamé.

On comprendra qu'après que cinq, six, sept couples de lévriers ont été *slipés* dans un champ, les lièvres, effrayés, ont abandonné la place, glissant entre les rabatteurs... Il n'y a plus de gibier !

Le juge, le sliper avec ses lévriers en accouple, attendent un quart d'heure, vingt minutes !... Et comme eux attendent les cinquante ou soixante mille spectateurs !

Alors l'immense cordon des rabatteurs fait un mouvement tournant ; le juge pique des deux, saute une haie, un fossé et se dirige vers quelqu'autre endroit de la plaine.

Le sliper a raccourci son *slips* et pris son élan ; entraînant ses chiens, il franchit avec eux les obstacles, à la suite du juge.

C'est maintenant que le spectacle devient amusant !... Qu'on se figure cette immense foule se précipitant pêle-mêle derrière le juge, le sliper et les commissaires des courses.

Chacun veut attraper ou rattraper une bonne place, bien en avant. On court, on glisse, on trébuche, on s'étale sur les mottes de gazon humide... Les vigoureux franchissent en riant les haies et les larges fossés pleins de boue. Quelques-uns, trop confiants en leur science gymnastique, arrivent court de l'autre côté du *bog* et s'étalent piteusement dans la boue.

Les prudents se dirigent vers les endroits où d'humbles spéculateurs ont placé d'étroites planches pour que l'on puisse franchir les fossés,

— *A little copper, Sir !* demandent ces pauvres diables d'Irlandais à ceux qui se servent de leur passerelle.

Et on leur jette quelques sous pour passer vivement... trop vivement souvent, car la frêle planchette ploie sous le nombre, cède... et les passants de tomber dans l'eau ! Bain fort récréatif pour ceux qui ne le prennent pas.

Mais bast ! On se remet à courir... cela réchauffe !

Après une course folle de deux ou trois milles, les rabatteurs ont resserré leur cercle. L'endroit est propice... Les courses recommencent.

La foule a reformé le cordon sans fin qui entoure le champ et enserre juge, sliper et lévriers sur plusieurs kilomètres.

Les *bookmakers* sont remontés sur leurs échelles ou sur leurs chaises. Plantés dans la foule de distance en distance, ils ressemblent, avec leurs habits bariolés de mille couleurs et leurs bannières flottantes, à des mannequins dans un champ de blé !

Ils glapissent leurs offres alléchantes de façon à rendre sourds ceux qui les entourent. On parie ferme.

Mais un lièvre apparaît... puis deux, puis trois, quatre, cinq ! Le silence s'est fait dans la foule.

Malheureusement, en cette occasion, abondance de bien nuit.

Le *sliper*, qui avait quitté son couvert à l'approche du premier lièvre, détourne les chiens et va se remettre à l'abri derrière son arbre. Il craint évidemment que l'un de ses lévriers ne suive un lièvre et l'adversaire un autre.

La foule pousse un murmure de déception et les *bookmakers* recommencent de glapir.

Enfin, voici un gros lièvre qui court, inconscient, droit sur les chiens. Ceux-ci ont aperçu le gibier ; ils tirent sur le *slips* entraînant leur *sliper* qui a peine à les maintenir, puis qui les lâche !

Dix épreuves ont lieu dans ce pâturage.

Mais bientôt juge, sliper et commissaires font encore un *move*. La foule s'éparpille de nouveau, sautant, culbutant, riant ou sacrant, selon l'humeur.

Cependant les plaines commencent à s'envelopper des ombres du soir. Voilà quarante-huit groupes de lévriers qui ont été *slipés*, et nous courons depuis sept grandes heures à travers la campagne !...

Demain on fera courir les huit vainqueurs qui restent au programme. Cela fera encore quatorze couples, sans compter les courses nulles ou indécises.

Je puis vous assurer que l'on dort bien le soir d'une bonne journée de *Coursing*.

ALFRED DE SAUVENIÈRE.

LE CHIEN DE HOLSTEIN

Combien l'éducation a d'empire ! Heureux qui peut en recevoir une bonne, plus heureux encore celui qui sait en faire usage ; mais, hélas ! les hommes en profitent souvent moins eux-mêmes que les animaux.

On va voir, par le trait qui suit, l'obéissance d'un chien mise à une terrible épreuve ; et l'on ne verra pas, sans admiration, l'ascendant des bonnes habitudes prédominer jusque dans la plus urgente nécessité.

Après une chasse longue et pénible, un garde du château de Holstein revint extrêmement fatigué ; il place à la hâte son gibier dans une chambre isolée où il couchait, il tire la porte et enferme son chien sans y penser. Distrait bientôt après par une commission lointaine, il part pour s'en acquitter et reste deux jours absent.

De retour enfin, il court à sa chambre... Il est entré à peine qu'il voit son chien étendu sur le côté, sans mouvement, sans vie et encore chaud. Rien n'égale ses regrets et sa douleur. Il se souvient trop tard que ce docile animal, exténué de lassitude, pressé par une faim dévorante en revenant de la chasse, n'avait pourtant rien à manger; il s'en souvient, et c'est lui qui est la cause involontaire de sa mort.

Tout affligé de ce malheur, le garde-chasse se retourne, il aperçoit sur une table onze perdrix et cinq lapereaux dans le même état encore où il les avait placés. Alors son désespoir est au comble ; d'une autre part, il est ravi d'admiration en réfléchissant que cette pauvre bête, bien que réduite à l'extrémité, avait mieux aimé se laisser mourir que de toucher au gibier qui était à côté d'elle.

— Plût à Dieu, s'écrie alors le chasseur, plût à Dieu, mon pauvre chien, que tu eusses mangé tout cela et que tu vécusses encore.

Quelle obéissance et quelle réserve de la part de ce chien ! S'il eût eu quelques croûtes ou des os à ronger, il se serait rassasié sans scrupule ; mais toucher à un morceau défendu et désobéir à son maître, rien ne saurait l'y résoudre, il ne balance pas, il se laisse mourir et il meurt... irréprochable.

C'est le cas de citer ces vers de La Fontaine :

Certain chien qui portait la pitance au logis,
S'était fait un collier du dîner de son maître.
Il était tempérant plus qu'il n'eût voulu l'être
Quand il voyait un mets exquis.
Mais enfin il l'était; et tous tant que nous sommes,
Nous nous laissons tenter à l'approche des biens;
Chose étrange! on apprend la tempérance aux chiens,
Et l'on ne peut l'apprendre aux hommes!

LES CHIENS DU MONT SAINT-BERNARD

> Admirons ces courageux animaux au milieu des glaciers, prêtant assistance aux voyageurs qui s'égarent, les guidant au sein des ténèbres, leur créant des routes au milieu des torrents et à travers mille abîmes. ALIBERT.

Le grand Saint-Bernard, le *Mons Jovis* des Romains, est une montagne de Suisse, située dans les Alpes Pennines sur la frontière d'Italie. Son altitude est de 3,371 mètres. Malgré son élévation, malgré ses flancs abrupts et escarpés, le Saint-Bernard offre un passage très fréquenté d'Aoste à Martigny. Au point le plus élevé de cette route, à 2,620 mètres au-dessus du niveau de la mer, à 10 kilomètres de Saint-Remy, se trouvent, près d'un petit lac, l'hospice et le couvent, fondés, en 962, par Saint-Bernard de Menthon, sur l'emplacement d'un ancien temple de Jupiter. Il en confia l'administration à des moines de l'ordre de Saint-Augustin, et fonda à perpétuité une dotation, avec la condition expresse qu'elle serait employée à recueillir, loger et héberger gratuitement les voyageurs qui traverseraient le mont. Cet hospice est encore desservi aujourd'hui par dix ou douze religieux de l'ordre de Saint-Augustin, qui se dévouent au service pénible qui leur est imposé avec un zèle admirable. Pendant les sept ou huit mois les plus dangereux de l'année, ils parcourent journellement les chemins, accompagnés de domestiques appelés *marronniers* et de très gros chiens — connus sous le nom de *marrons* — merveilleusement dressés pour secourir les voyageurs. Malgré cette sollicitude au-dessus de tout éloge, il ne se passe pas d'année qu'on ne trouve plusieurs malheureux morts de froid ou ensevelis dans les avalanches. Les frais de l'hospice, qui s'élèvent à plus de 50,000 francs par an, sont couverts en partie par des collectes faites en Suisse et par les dons volontaires des étrangers. Près de l'ancien bâtiment qui a été élevé d'un étage en 1822, on en a reconstruit récemment un nouveau, nommé l'*Hôtel Saint-Louis*, qui sert de dépôt pour les marchandises. L'intérieur du couvent renferme, outre un grand nombre de chambres proprement meublées, environ 200 lits, un réfectoire, des écuries, des magasins, etc.; une jolie église, où l'on remarque quelques bons tableaux et le monument élevé par Napoléon à la mémoire de Desaix. Le général est représenté en marbre d'un très beau travail, dans la position où il était en mourant, c'est-à-dire blessé et tombant de cheval dans les bras de son aide de camp Lebrun. Sa statue existe également en marbre sur l'escalier du couvent, et vis-à-vis de la statue, la république du Valais a fait ériger une table de marbre noir, sur laquelle est gravée en caractères d'or le récit mémorable du passage de l'armée française (16 et 17 mai 1800).

L'hospice du grand Saint-Bernard est l'habitation la plus élevée de l'Europe : il est situé à 8,000 pieds au-dessus du niveau de la mer, dans un désert de neige dont l'aspect fait frémir. L'œil, ébloui par l'éclat de ces immenses glaciers, cherche en vain quelques traces de végétation, et c'est tout au plus si le jardin du couvent peut produire quelques choux. Il y règne un hiver presque perpétuel, et, dans l'été, il y gèle à peu près tous les matins. Le thermomètre descend quelquefois à 29° au-dessous de zéro. On prétend que plus de dix mille personnes passent chaque année au grand Saint-Bernard.

Le chien du mont Saint-Bernard ou chien des Alpes a le poil long, le museau effilé, et se distingue par son intelligence. Cette race tient du Terre-Neuve et du mâtin.

UNE VISITE CHEZ LES RELIGIEUX DU MONT SAINT-BERNARD

A la fin d'avril 1755, j'allais au Piémont par la route du grand Saint-Bernard. Vers les quatre heures de l'après-midi, la petite caravane avec laquelle j'avais gravi ce dangereux passage parvint au sommet de la montagne, et, après avoir réparé ses forces dans l'hospice élevé au milieu de ce désert, elle se remit en marche, pour coucher le même soir à la vallée d'Aost. Déjà le soleil avait perdu sa chaleur, et le ciel même sa sérénité ; des nuages commençaient à se traîner le long des cimes des rochers, et s'amoncelaient dans les gorges étroites de cette solitude. Au sommet des Alpes, une soirée nébuleuse amollit le courage ; je me décidai à passer la nuit avec les religieux hospitaliers qui partageaient mes pressentiments.

Ils ne nous trompèrent point. A six heures, ce plateau glacé fut presque enseveli dans les ténèbres ; les nuées, poussées par un vent de nord-ouest avec la rapidité d'une flèche, tourbillonnaient autour de l'enceinte des rochers ; déjà retentissait le bruit lointain des avalanches, et des atomes de neige serrée, divisée comme la poussière, soit en se détachant des montagnes, soit en tombant du ciel, en interceptaient la faible lumière et voilaient tous les objets d'alentour.

Tandis qu'auprès d'un bon feu je questionnais le supérieur du couvent sur les suites de l'ouragan, les religieux hospitaliers étaient allés remplir leurs devoirs de circonstance, ou plutôt exercer leurs vertus de tous les jours : chacun avait pris son poste de dévouement dans ces Thermopyles glaciales, non pour y repousser des ennemis, mais pour y tendre une main secourable aux voyageurs perdus, de tout rang, de toute nation, de tout culte, et même aux animaux chargés de leur bagage. Quelques-uns de ces sublimes solitaires gravissaient les pyramides de granit qui bordent leur chemin, pour y découvrir un convoi dans la détresse, et pour répondre aux cris de secours; d'autres frayaient le sentier enseveli sous la neige fraîchement tombée,

Chien du mont Saint-Bernard.

au risque de se perdre eux-mêmes dans les précipices, tous bravant le froid, les avalanches, le danger de s'égarer, presque aveuglés par les tourbillons de neige, et prêtant une oreille attentive au moindre bruit qui leur rappelait la voix humaine.

Leur intrépidité égale leur vigilance ; aucun malheureux ne les appelle en vain; ils le retirent étouffé sous les débris des avalanches, ils le raniment agonisant de froid et de terreur, ils le transportent sur les bras tandis que leurs pieds glissent sur la glace ou plongent dans les neiges : la nuit, le jour, voilà leur ministère. Leur pieuse sollicitude veille sur l'humanité dans ces lieux maudits de la nature, où ils présentent le spectacle habituel d'un héroïsme qui ne sera jamais célébré par nos flatteurs.

Depuis une heure entière, cinq religieux et leurs domestiques étaient sur les traces des voyageurs, lorsque l'aboiement des chiens nous annonça leur retour. Compagnons intelligents des courses de leurs maîtres, ces dogues bienfaisants vont à la piste des malheureux ; ils devancent les guides et le sont eux-mêmes. A la voix de ces fidèles auxiliaires, le voyageur transi reprend l'espérance, il suit leurs vestiges toujours sûrs. Lorsque les éboulements de neige, aussi prompts que l'éclair, engloutissent un passager, les dogues du Saint-Bernard le découvrent sous l'abîme, et y conduisent les religieux, qui retirent le cadavre et souvent le rendent à la vie.

Bientôt l'hospice s'ouvrit à dix personnes épuisées de froid, de lassitude et de frayeur. Leurs conducteurs oublièrent leurs propres fatigues ; et depuis le linge le plus blanc jusqu'aux liqueurs les plus restaurantes, tout ce que l'hospitalité la plus attentive peut offrir de secours, tout ce qu'on ne rassemblerait qu'à force d'argent dans les auberges de nos villes, fut prêt dans l'instant, distribué sans distinction, employé avec autant d'adresse que de sensibilité.

MALLET DU PAN.

Voici un fait récent arrivé en février 1882, que les journaux ont fait connaître et qui trouve sa place ici tout naturellement.

Valgrisanche est un village des Alpes suisses, situé à l'extrémité d'une longue et étroite gorge, à la hauteur de 1,662 mètres. L'hiver y est constant, ou pour mieux dire il dure huit mois de l'année.

Vers la fin de la semaine dernière, Ferdinand-Félix Chamonin, demeurant dans ce village, sortait au point du jour pour aller avec son chien dans la forêt ramasser du bois.

Le malheureux, en gravissant une pente abrupte, fut atteint par une avalanche et entraîné dans un précipice.

Le chien qui accompagnait Chamonin avait été aussi atteint par l'avalanche. Poussé par l'instinct de la conservation, il travailla si bien des dents et des pattes qu'il réussit à pratiquer une ouverture dans la neige qui le recouvrait, et à sortir sain et sauf de son tombeau.

Après s'être sauvé, le pauvre chien pensa aussi à sauver son maître. Guidé par son flair, il découvrit la place où se trouvait celui-ci dans la neige, et, en creusant avec les ongles et avec les dents, il réussit à mettre au jour un bras. Mais, hélas! ce bras était glacé : l'homme était mort.

Sans perdre de temps, la pauvre bête courut à la maison, et, par de lugubres aboiements, invita la famille à le suivre dans la montagne.

La femme et les enfants de Chamonin crurent que le chien était enragé. Ils voulurent le chasser ; mais voyant qu'il persistait à tirer les hommes et les femmes par leurs vêtements, un soupçon traversa leur esprit, et le fils aîné se décida à suivre le chien.

L'intelligent animal le conduisit avec des peines infinies au fond de l'abîme, et poussant des aboiements plaintifs, il s'accroupit sur l'avalanche et se mit à lécher la main de son maître.

Le mystère s'éclaircit alors.

Chamonin laisse une veuve et sept enfants.

Ce triste drame s'est passé à peu de distance du col du mont, près de la frontière française.

LE CHIEN BARRY, AU MUSÉE DE BERNE

Quel homme n'eût envié la célébrité de Barry? Un grand nombre de voyageurs égarés, glacés par le froid, surpris par les neiges sur le grand Saint-Bernard, lui avaient dû la vie. Intelligent, énergique, il cherchait, il guidait ceux qui pouvaient encore marcher; il traînait, il transportait à ses propres périls ceux qui avaient perdu la force et l'espérance. Explique qui pourra ce qui s'agite secrètement dans la partie immatérielle de ces êtres auxquels nous n'osons accorder rien de plus que l'instinct: Barry était certainement un des héros de sa race. Un soir, par un temps orageux, au milieu des brouillards, un voyageur voit s'élancer à sa rencontre un animal de haute taille, la gueule béante : il se croit en danger, et frappe vigoureusement de son bâton ferré la pauvre bête qui tombe à ses pieds en gémissant; c'était Barry qu'il avait blessé à la tête. Quelques instants après, les religieux lui firent connaître et déplorer son erreur. On alla chercher le malheureux chien, étendu sur la neige qu'il rougissait de son sang. On lui prodigua des soins avec peu d'espoir; du moins on fit pour lui ce que l'on eût fait pour un homme : il fut porté à l'hospice de Berne. Mais le fer avait atteint le cerveau; malgré les efforts de la science, Barry ne tarda pas à mourir. On lui rendit le seul honneur possible : son corps fut conservé, et une place lui est conservée dans le musée de Berne.

LES CHIENS DE LA SIBÉRIE

Le chien se prête à tout. Il remplace le cheval de poste dans les steppes neigeux de la Sibérie, du Kamtschatka, du Labrador. Ces régions seraient tout à fait inhabitables sans le chien. L'homme n'y végète que par la grâce et sous le bon plaisir du chien. TOUSSENEL.

Le chien du nord de la Sibérie ressemble au loup; comme lui, il a le museau long et pointu; ses oreilles, toujours dressées, sont affilées, et sa queue est épaisse. Quelques chiens ont le poil uni; d'autres, au contraire, l'ont crépu et diversement nuancé. Quoique leur taille varie, un bon chien d'attelage doit avoir environ 80 centimètres de hauteur sur 90 centimètres de longueur. Son aboiement ressemble au hurlement du loup. Ces chiens demeurent constamment en plein air. En été, ils savent se creuser des trous en terre pour s'abriter contre les morsures des mousquites, ou bien ils se plongent dans l'eau et y passent toute la journée. Pendant l'hiver, ils se blottissent dans la neige, en ne laissant à l'air que l'extrémité de leur museau, qu'ils ont soin de couvrir de leur épaisse queue pour le préserver du froid. Elever et dresser des chiens est une des occupations les plus importantes des habitants. Les jeunes chiens qui naissent en hiver sont attelés en automne pour être dressés; mais on ne leur fait point faire de longues courses avant l'âge de trois ans. Le chien le mieux dressé et le plus intelligent s'attelle toujours en avant; car la vitesse, la bonne direction et même la sûreté du voyageur dépendent du chef de file; aussi habitue-t-on les chiens à obéir au moindre signe de leur maître, et surtout à ne point se détourner de la route pour suivre des traces d'animaux que l'on rencontre fréquemment empreintes sur la neige. Il est rare que l'on réussisse dans cette partie de l'éducation, et le plus souvent l'attelage tout entier se précipite sur de pareilles traces en hurlant de toutes ses forces. Une fois lancés, rien n'est capable de les arrêter, si ce n'est un obstacle physique. C'est dans de pareilles occasions que celui qui voyage en *narta* ou traîneau, et qui a un bon chien en tête de l'attelage, est à même d'observer la merveilleuse intelligence de cet animal, et les mille ruses qu'il emploie pour déshabituer ses compagnons, moins intelligents ou plus rétifs, de s'abandonner à leur instinct. Quelquefois on le voit, au moment où l'attelage s'apprête à s'élancer dans la direction de traces récentes, se mettre à aboyer en se détournant vers le côté opposé, et feignant d'avoir aperçu quelque animal qu'il s'agirait de poursuivre. D'autres fois, lorsqu'on traverse la *toundra*, nue et sans limites, par une nuit noire, dont un épais brouillard augmente l'obscurité, ou bien par la poussière de neige poussée par un vent impétueux, qui expose le voyageur au danger d'être gelé ou enterré dans la neige, et que l'on cherche en vain à découvrir une de ces huttes placées de loin en loin sur la route et destinées à abriter le voyageur, c'est encore le chien placé en tête de l'attelage qui devine le lieu où se trouve une hutte qu'il n'a souvent visitée qu'une fois : il sauve ainsi le voyageur d'une mort certaine. Ce chef d'attelage ne peut-il pas servir de modèle, par exemple à un frère aîné dans une famille. Son âge lui fait un devoir de diriger dans la voie du bien ses frères et ses sœurs plus jeunes que lui. Il ne faut souvent qu'un bon conseil, qu'un bon exemple pour affermir des cœurs chancelants et les détourner d'une action mauvaise.

Les chiens de Sibérie, comme bêtes de trait, rendent même des services en été, car on s'en sert souvent à haler les bateaux qui remontent les rivières. Lorsqu'un obstacle se rencontre, il suffit d'un signe du batelier, et l'attelage passe aussitôt la rivière à la nage, se remet en ordre sur l'autre rive, puis continue sa route. On en rencontre même quelquefois attelés à des bateaux échoués, et les voiturant par terre d'une rivière à une autre. En un mot, les chiens rendent autant de services aux peuplades sédentaires du nord de la Sibérie que les rennes y en rendent aux nomades. Une épizootie fit périr un très grand nombre de chiens sur les bords de l'Indiguirka en 1821, et une famille de Voukaguires n'ayant conservé de ses nombreux attelages que deux petits,

Chien de la Sibérie.

nés depuis peu de jours, la femme du Voukaguire les nourrit de son lait : cet exemple donne une idée du prix que les habitants attachent à ces animaux. La même épizootie ravagea le district de Kolimsk en 1822, et les malheureux habitants, n'ayant aucun moyen de transporter les produits de la chasse et de la pêche, ne tardèrent pas à manquer de moyens de subsistance. Bientôt arriva la famine qui décima la population! Le peu de durée de l'été, comme la rareté du fourrage, ne permet point de remplacer les chiens par des chevaux. Remercions la Providence qui nous a fait naître dans un pays où sont réunis les avantages les plus précieux : agréable température, beauté du climat et richesse du territoire.

LES CHIENS DE KAMTSCHATDALES,

D'après E. Reclus.

Pour la nourriture d'un chien de Kamtschatdale (Sibérie), pendant les huit mois de neiges et de glaces, il ne faut pas moins de milliers de poissons secs : six chiens, attelage ordinaire d'un traîneau, peuvent consommer cent mille harengs. Il faut donc que les pauvres Kamtschatdales fassent de grandes provisions pendant les quatre mois d'été; mais comment vivraient-ils sans leurs chiens? Ces animaux ressemblent aux loups par la taille, la robe et les hurlements. Durs à la fatigue, on les a vus quelquefois traîner leur *narta* (traîneau) pendant quarante-huit heures, sans avoir mangé autre chose que des morceaux de cuir arrachés à leur harnais. Un attelage de onze chiens parcourt d'ordinaire de soixante à quatre-vingts kilomètres dans la journée, en traînant un homme et un poids de 180 kilogrammes; parfois c'est le double. Sans les chiens, quand les brouillards et les tempêtes rendent impossibles les voyages à pied, il n'y aurait presque aucune communication entre les familles kamtschatdales, bloquées par la neige dans leurs souterrains.

En été, les chiens errent librement dans les forêts et sur les bords des rivières, où ils trouvent à se nourrir. Dès que les premières neiges tombent, ils reviennent fidèlement chez leurs maîtres.

LE CHIEN DE TERRE-NEUVE

> Voyez les chiens de Terre-Neuve s'élancer dans les flots, affronter le courroux des vagues, braver le déchaînement des vents et de la tempête, plonger dans les gouffres de la mer, et ramener vers le rivage les malheureux naufragés.
>
> ALIBERT.

Terre-Neuve est une grande île de l'Amérique du Nord, située à l'entrée du golfe Saint-Laurent, et qui relève directement de l'Angleterre. Sur les côtes et aux environs, on trouve d'immenses quantités de morues. Terre-Neuve a été découverte par Sébastien Cabot en 1497, et la France et l'Angleterre l'occupèrent tour à tour et parfois simultanément. Le traité d'Utrecht la donna définitivement aux Anglais ; mais la France, par d'autres traités, s'y fit garantir le droit de pêche.

On appelle banc de Terre-Neuve un vaste plateau sous-marin qui a 100 lieues de long sur 60 de large. C'est sur ce banc que les bâtiments font la pêche de la morue. Au-dessous de Terre-Neuve se trouvent les îlots français de Saint-Pierre et Miquelon.

Les chiens de Terre-Neuve sont de haute taille, fortement musclés, mais avec des formes élancées, de manière qu'ils sont en même temps très vigoureux et très légers. Leur tête, dont la configuration rappelle celle des épagneuls, est un peu volumineuse, ce qui tient principalement au développement du cerveau ; d'ailleurs elle n'a rien de lourd, et leur regard est plein d'intelligence et de douceur. Leur pelage, généralement long et touffu, est d'une finesse et d'une douceur remarquable; il est assez épais pour les protéger efficacement du froid. Ils montrent pour les loups une grande aversion et sont toujours disposés à les attaquer.

Ce qui distingue surtout cette race, c'est la disposition naturelle qui la porte à aller à l'eau, disposition qu'une longue habitude a developpée, et qui se trouve favorisée par une particularité organique bien digne de fixer l'attention. Le pied de ces chiens se trouve avoir une conformation analogue à celle du pied des canards, ce qui est fort avantageux pour l'exercice de la nage. Les chiens de Terre-Neuve, bien exercés, semblent avoir fait de l'eau leur élément principal; ils s'y soutiennent sans aucun effort et comme en se jouant; c'est avec une sorte de fureur qu'ils la recherchent; ils ne peuvent en être tirés que par force, et paraissent trouver autant de bonheur à y courir et à s'y précipiter que le chien de chasse à poursuivre et à saisir sa proie. On se tromperait pourtant si l'on supposait qu'une disposition aussi entraînante, aussi vive, est de même nature que celle qui porte les animaux vraiment aquatiques, tels que loutres, castors, etc., à rechercher cet élément : ceux-ci sont poussés aveuglément par leur instinct à rechercher cet élément; les autres n'y sont poussés, croit-on, que par l'éducation. Sans elle ils vivraient à la manière de tous les autres chiens; mais elle a sur eux une influence qu'elle n'aurait point sur ceux-ci relativement à la faculté que nous considérons ici.

Dans plusieurs races de chiens, chaque individu, quoique susceptible d'un vif attachement pour l'homme qui prend soin de lui, a pour tous les autres au moins de l'indifférence; mais le chien de Terre-Neuve, sans être pour cela moins fidèle à son maître, semble avoir, pour l'espèce humaine en général, une affection naturelle, qui n'attend que des occasions pour se manifester. Cette disposition bienveillante ne se montre jamais mieux et plus utilement que quand il s'agit de porter secours à des personnes en danger de se noyer, et la facilité avec laquelle l'animal se meut dans l'eau, sa force qui lui permet d'y soutenir des fardeaux très considérables, le rend éminemment propre à ce genre de service. Il y déploie, au reste, autant d'intelligence que de zèle; le fait suivant, qui est bien et dûment attesté, en offre un exemple entre mille.

Un Allemand qui voyageait à pied pour son plaisir, avait pour compagnon dans son pèlerinage un grand chien de Terre-Neuve. Un jour, en Hollande, se promenant sur les bords d'un canal dont le lit très profond était compris entre deux murs verticaux, son pied vint à glisser; il tomba, et ne sachant pas nager, il

Chien de Terre-Neuve.

perdit connaissance. En revenant à lui, il se trouva dans une petite maison située de l'autre côté du canal, et entouré de paysans qui lui donnaient les soins nécessaires en pareille occasion. Ces hommes lui apprirent qu'ils avaient aperçu de loin un grand chien nageant, et faisant des efforts considérables pour soutenir au-dessus de l'eau et amener vers le bord un corps volumineux, mais dont à cette distance ils ne distinguaient pas la forme. Après beaucoup d'efforts, ajoutèrent-ils, le chien était parvenu à atteindre un ruisseau qui venait déboucher dans le canal, et dont la profondeur allait en diminuant progressivement. Ce fut alors seulement qu'ils purent reconnaître que c'était un homme qu'il conduisait ainsi. Ils s'avancèrent vers le fossé; mais avant qu'ils y fussent arrivés, le chien était parvenu à tirer son maître sur le rivage, et il s'occupait à lui lécher le visage. Entre le point où l'homme était tombé à l'eau et celui où il fut conduit par son chien, il n'y avait guère moins de cinq cents pas; mais c'était le premier endroit où la disposition inclinée de la berge permit à l'animal de remonter avec son précieux fardeau.

Il paraît, d'après deux marques de dents que le voyageur se trouva à la nuque et à l'épaule, que le chien l'avait d'abord saisi par le haut du bras et porté ainsi pendant quelque temps; mais qu'il avait compris ensuite que la tête devait être soutenue hors de l'eau, et que pour cela il l'avait saisi par la peau du cou : c'était en effet de cette manière qu'il le soutenait lorsque les paysans l'aperçurent, et il est probable que s'il eût persévéré dans sa première manière, l'homme n'aurait pu être rappelé à la vie.

Ce n'est pas seulement en faveur de leur maître que les chiens de Terre-Neuve font preuve d'un pareil dévouement; on en a vu se jeter à la mer pour aller porter secours à de malheureux naufragés, et les ramener au rivage souvent en faisant un grand circuit, afin de gagner une plage sablonneuse et d'éviter les rochers.

UNE NOBLE VENGEANCE :
Sauver la vie à qui veut votre mort.

Un jeune homme voulait noyer son chien. Il le fait monter avec lui dans un batelet, s'éloigne du rivage ; puis, arrivé au milieu du courant, il le saisit et le jette brusquement dans la rivière. L'instinct de la conservation, qui est si puissant chez l'homme, n'est pas moins fort chez l'animal. Le pauvre chien disparaît d'abord sous l'eau, remonte à la surface et fait des efforts désespérés pour regagner la barque ; mais chaque fois qu'il allait l'atteindre, son maître le repoussait d'un coup de rame. Cette lutte barbare entre le chien et l'homme durait depuis quelque temps, quand celui-ci, impatienté, saisit la rame à deux mains et en assène un coup vigoureux sur la tête du chien ; mais en même temps il perd l'équilibre et tombe lui-même au fond de l'eau. Alors la scène changea, et de cruelle devint sublime. On vit le fidèle animal plonger dans le fleuve, saisir son maître et le ramener au rivage, après avoir failli vingt fois être emporté par le courant.

Voilà le sublime de l'héroïsme : faire du bien à son ennemi.

AMITIÉ D'UN CHIEN POUR UN VIEUX CHEVAL

Les affections sincères ont quelque chose de si touchant, même chez les animaux, qu'elles éveillent les sympathies des gens les moins sensibles.

Un équarrisseur de la banlieue de Paris, se trouvant, il y a quelques jours, en tournée d'achats, s'aperçut un matin, en cheminant avec sa bande de vieux chevaux, qu'un superbe Terre-Neuve marchait à côté d'une de ces pauvres bêtes. D'abord cela ne l'étonna guère, attendu qu'il n'est pas rare qu'un chien, s'étant attaché au cheval de la maison, le suive en pareil cas pendant quelques lieues, puis finisse par retourner au logis; mais le temps, ni la distance, ni les privations ne purent déterminer celui-ci à délaisser son vieil ami, car l'équarrisseur ayant enfin essayé de le chasser à coups de fouet, il continuait à suivre de loin la colonne éclopée, et le lendemain, quand notre homme voulut se remettre en route, il trouva, dans la cour de l'auberge où il avait passé la nuit, le fidèle animal couché près de la porte de l'écurie. Où avait-il mangé? nulle part sans doute. Néanmoins, dès qu'il vit les pauvres invalides sortir de leur gîte, il se mit à bondir et à sauter au nez de son vieux camarade, qui lui répondit par un hennissement. Quoiqu'on ne puisse pas l'accuser de sensiblerie, l'équarrisseur fut touché de cette tendresse de deux animaux, au point qu'il n'eut pas d'abord le courage de les séparer; mais l'esprit du métier reprenant bientôt le dessus, il chasse de nouveau le chien, qui de nouveau se met à suivre tristement la colonne à distance.

Le soir du troisième jour, l'équarrisseur venait d'arriver chez lui avec *sa marchandise*, que l'on devait abattre cette nuit-là, lorsqu'il entend tout à coup la voix grave et plaintive du chien qui pleurait à la porte : « Ah! ma foi, on se moquera de moi si on veut, s'écrie notre homme tout ému, mais je ne peux pas résister plus longtemps à la prière de cette pauvre bête! » Après lui avoir ouvert : « Antoine, continua-t-il, conduis ce brave animal dans l'écurie, et tu mettras de côté le cheval qu'il t'indiquera.

— Qu'allez-vous donc en faire? lui disent aussitôt ses garçons.

— Eh! je le nourrirai à rien faire s'il le faut, ça ne me ruinera pas. »

Mais le brave homme ne tarda pas à être exonéré de la charge qu'il s'était si bénévolement imposée, car l'attachement du chien avait fait du bruit, et le propriétaire des deux animaux, ayant été informé de ce qui s'était passé, ne voulut pas être en reste de sensibilité : un domestique fut chargé d'aller traiter du rachat du vieux cheval, et, le jour même, le pauvre invalide rentrait à son ancien gîte en compagnie du chien qui lui a si singulièrement sauvé la vie.

LES CHIENS SAVANTS

Qui donc a calomnié les enfants? N'a-t-on pas été jusqu'à dire que certains écoliers se faisaient tirer l'oreille pour apprendre, qu'ils préféraient souvent le jeu à l'étude, et l'école buissonnière à celle de leur maître. C'est une calomnie, vous dis-je; tous les petits Français savent bien que sans l'instruction on ne peut faire son chemin dans le monde, que l'ignorant ne peut arriver à rien, et, dès lors, ils travaillent avec courage. A ceux pourtant qui seraient tentés d'être paresseux, je proposerai l'exemple de caniches qui sont devenus *savants*, quoique ce ne soit pas leur métier d'aller en classe.... Cet exemple leur fera honte; ils étudieront sérieusement et ne diront pas que ce qui est possible à l'animal est impossible à eux.

Cédrène, moine grec du XIe siècle, rapporte qu'il y avait, du temps de Justinien, un charlatan qui gagnait beaucoup d'argent à Constantinople par le moyen de son chien. Après avoir, selon sa coutume, rassemblé un grand nombre de curieux et d'oisifs, il disait aux assistants de jeter sur la place soit un gant, soit un étui, un couteau ou quelque pièce de monnaie.

Alors le jongleur commandait à son chien d'aller chercher ces différents objets. Ponctuel aux ordres de son maître, le chien allait prendre avec ses dents les effets des personnes, et il courait les rapporter à chacun sans se méprendre.

Zoppico.

Plutarque fait mention d'un petit barbet nommé Zoppico ; il dit que cet animal représentait supérieurement des pantomimes devant Vespasien, père de Titus. Dans une certaine pièce, il fallait que Zoppico contrefît le mort ; il mangeait d'une drogue supposée qui n'était autre chose que du pain. Il tournait ensuite la tête et les yeux, il tremblait de tout son corps et se laissait tomber. Entrant alors en convulsions, il finissait par rester étendu à terre, comme s'il eût été privé de vie.

Feignant de se lamenter sur la prétendue perte de son chien, le bateleur le tâtait de tous côtés ; il le prenait tantôt par la queue, tantôt par les pattes, et le traînait tout le long du théâtre sans qu'il bronchât. Soudain, à une certaine inflexion de voix, le barbet mort ressuscitait; il se relevait avec vivacité et secouait les oreilles. Se dressant ensuite sur deux pattes, il faisait une profonde révérence aux spectateurs, lesquels applaudissaient à tout rompre et jetaient force friandises au petit acteur.

Le joueur de dominos.

Un naturaliste de mes amis, raconte le docteur Franklin, homme de bonne foi, engagea un jour une partie de dominos avec un chien instruit par un amateur. Ce dernier, quelles que fussent l'habileté et la patience avec lesquelles il dressait les animaux, jouissait d'une fortune indépendante qui lui permettait de ne pas faire commerce de son art. Les deux partenaires, le naturaliste et le chien, s'assirent à une table l'un en face de l'autre. Six dominos relevés sur les coins furent placés devant le chien, et six autres devant la personne. Le chien, ayant un double, le prit dans sa gueule et le posa au milieu de la table. Les deux joueurs épuisèrent successivement et alternativement leurs six dominos, l'un et l'autre plaçant les pièces de la manière indiquée par les règles du jeu. Les autres dominos furent tirés au sort par les deux adversaires, et la partie fut continuée. Alors le naturaliste plaça avec attention un nombre qui ne s'accordait pas avec le nombre placé sur la table. Le chien, fort surpris, fit un mouvement d'impatience et finit par aboyer. Puis, voyant que son partenaire ne rectifiait pas la faute qu'il avait faite, il chassa avec son museau le nombre faux, en prit un convenable dans son jeu et le mit à la place de l'autre. Satisfait de l'épreuve qu'il avait voulu tenter, le naturaliste joua alors correctement; mais, malgré ses efforts, il ne put gagner la partie.

Munito.

Parmi les chiens savants, celui qui a le plus attiré l'attention publique fut, sans contredit, le chien caniche nommé Munito, qu'un Hollandais, du nom de Nief, vint présenter à Paris, en 1818. Cet animal répondait aux questions qu'on voulait bien lui faire en hollandais, en anglais, en italien, en français et en latin; il était, disent les journaux du temps, de première force à tous les jeux de cartes, et ne trouvait pas son maître au jeu de dominos. Il mettait son nom par écrit, copiait un nom écrit à la plume, faisait des calculs compliqués et exécutait un grand nombre de tours surprenants. Pour faciliter les réponses du chien, on disposait en cercle autour des lettres et des chiffres. L'animal, interrogé, allait chercher successivement les caractères nécessaires à l'expression de sa pensée.

En bonne logique, on ne peut pas admettre que ce chien fût un polyglotte et un mathématicien de cette force. Non, en dehors de leurs facultés instinctives, les animaux, si intelligents qu'ils puissent sembler d'ailleurs, n'ont jamais pu s'élever au-dessus d'une instruction automatique. Les chiens *savants* ne sont que des chiens dressés à exécuter aveuglément certains mouvements d'après tels ou tels signes donnés par le maître à l'insu du public. Dans ces conditions, un chien peut comprendre toutes les langues et résoudre tous les problèmes, puisqu'il ne s'agit pour l'animal que de prendre dans sa gueule ou d'indiquer seulement les objets qui lui ont été mystérieusement désignés. Le chien, alors, n'est autre chose qu'un instrument dont l'exhibiteur joue avec plus ou moins d'intelligence.

Mais quel était le signe invisible envoyé à Munito par son maître ? Le voici, d'après l'habile prestidigitateur Robert-Houdin :

Lorsqu'il s'agissait de choisir parmi les lettres, chiffres et dominos rangés devant lui, l'animal les passait tout doucement en revue en commençant par le premier, et, à l'instant où il se trouvait en face de l'objet voulu, son maître, qui se tenait près de lui, faisait entendre un léger craquement produit par le froissement de deux ongles, du pouce et du médium de l'une des deux mains ; c'était le signal pour s'arrêter. Le chien pouvait également trouver, lorsque son maître était absent, une carte choisie par un spectateur. Dans ce cas, avant de sortir, le maître, en étalant les cartes sur le tapis, imprégnait la carte à trouver d'une légère odeur qu'il avait à l'un de ses doigts et que le flair du chien savait également reconnaître.

Mort d'un chien savant.

Au mois d'août 1882, on pouvait lire les lignes suivantes dans les journaux :

« Schapsel, le digne successeur de Munito, Schapsel, ce caniche habile aux difficultés du calcul de tête et au jeu de domino, et qui a parcouru triomphalement l'Allemagne, l'Autriche et la Russie, vient de mourir à l'âge de seize ans, à Nischni-Nowgorod, où il faisait les délices des visiteurs de la foire. »

TURLURETTE

ou la bonne petite servante.

Un philosophe avait éclairé son siècle par de profonds écrits, et il en était le modèle par ses vertus. Cependant, il était loin d'être riche et n'avait pour tout domestique qu'une petite chienne de chasse nommée Turlurette. Cet animal, éveillé et très dispos, faisait presque toutes les commissions de son maître. Avait-il une lettre à porter, il disait seulement : « Turlurette! A madame une telle; à l'ami Georges. » Et, en un clin d'œil, la missive était à sa destination.

Notre sage sortait-il pour aller prendre l'air au Luxembourg, la *servante*, attentive, présentait aussitôt à monsieur sa canne, ses gants et son chapeau. Monsieur revenait-il de la promenade, les pantoufles et la calotte de velours étaient également apportés par Turlurette. Monsieur donnait-il à dîner à quelques amis, « Turlurette, disait-il, portez cette carte au pâtissier, puis cette autre au traiteur, et celle-ci au marchand de vin. » Mis au courant de ce qu'il fallait pour le repas, les garçons, chargés de corbeilles et de bouteilles, apportaient, à l'heure précise, ce qu'on avait commandé.

Les convives étaient-ils à la fin du dîner, « Turlurette, disait le maître, dansez une ronde et amusez la compagnie. » Turlurette dansait aussitôt et de la meilleure grâce du monde. Chacun ensuite s'empressait de lui jeter un peu de pain ou de petits os qu'elle se mettait à manger. Mais à peine le mot café avait-il frappé son oreille subtile qu'elle courait chez le limonadier et revenait, un instant après, avec le garçon portant les tasses, le sucre, la liqueur et le café.

Pour peindre en deux mots l'industrie de Turlurette, nous dirons que son maître avait fabriqué cinq étiquettes, afin de

Turlurette.

s'épargner la peine d'écrire des adresses à tout moment. Il y en avait pour le marchand de vin, le cafetier, la fruitière, le traiteur, le perruquier. Les bulletins de ces diverses gens étaient pendus séparément le long du mur par des lanières de cuir. Selon les cas, Turlurette passait à son cou celui de tel ou tel marchand et le lui portait sans jamais se méprendre.

Il y avait, entre autres, encore un écriteau servant à récompenser les services de la soigneuse domestique ; il portait ces mots :

UNE GIMBLETTE POUR TURLURETTE.

Quoique le philosophe n'eût point distingué celui-ci des autres écriteaux, quoiqu'il s'amusât même à le déplacer et à le mettre tantôt le premier, tantôt le dernier, Turlurette ne s'y trompait point. Du moment où le mot gimblette était prononcé, la chienne était déjà partie et revenait à la maison croquer son paquet de friandises.

MADEMOISELLE BOBIE SAVAIT RIRE

Mademoiselle Bobie était de la petite espèce des doguins ; elle avait le museau noir, le poil brun, les oreilles coupées et un air tout à fait comique. On l'avait dressée de bonne heure à porter dans sa gueule deux petits falots attachés au bout d'un bâtonnet. Son emploi se bornait là, à peu près ; mais elle s'en acquittait avec tant d'intelligence, avec une telle ponctualité, qu'elle était chérie de tout le monde et qu'on lui prodiguait des caresses.

Bobie appartenait à un brave chevalier de Malte, nommé Leblanc ; cet officier avait de la fortune, il aimait la société et donnait souvent à souper. Quand le repas était fini et que les convives étaient sur le point de se retirer, notre porte-lanterne, qui se tenait sur le qui-vive dans l'antichambre, se levait soudain au premier coup de sonnette; il tournait joliment la queue pour qu'on allumât les bougies, et les bougies allumées, sitôt que quelqu'un se présentait, Bobie prenait aux dents le falot, allait en avant, descendait pas à pas l'escalier, et éclairait très poliment les personnes jusqu'à la porte de la rue. Là, elle recevait force caresses des messieurs et des belles dames; puis on remontait promptement afin de recommencer au besoin la même besogne.

Le service de la petite Bobie ne se bornait point à l'intérieur du logis. On l'a vue cent fois accompagner son maître, du haut de la rue de Vaugirard, où il demeurait, jusqu'aux Italiens. Dès que la comédie était finie, Bobie, escortée du domestique, accourait à point nommé et se hâtait d'éclairer le chevalier. Y avait-il un ruisseau à traverser, une pierre barrait-elle le passage, Bobie s'arrêtait à propos; elle baissait ses lanternes, et elle indiquait, à ne pas s'y tromper, qu'il y avait là un casse-cou ou quelque danger d'attraper des éclaboussures.

Un jeune homme qui demeurait dans la même maison que Bobie, lui donnait fréquemment à manger des croquignoles ou des dragées. Bobie, au comble de la joie, se mettait à sauter. « Allons, lui disait le jeune homme, il faut rire à présent; riez Bobie, et vous aurez cette praline. » Et la toute gentille petite bête riait véritablement; le contentement brillait sur sa mine de chien, ses joues s'arrondissaient, et on lui voyait toutes ses petites dents à découvert.

FRÉVILLE.

LE PETIT CHIEN DE NINON DE LENCLOS (1).

ou un officier de santé incorruptible.

Il etait délicat, mignon, joli; il avait l'œil très noir, le poil fauve, et s'appelait Bichon. Quand sa maîtresse était invitée à un repas, elle ne manquait jamais de porter avec elle son inséparable compagnon. Or c'était son officier de santé; car elle avait la poitrine très délicate, et elle aurait souffert du moindre excès. Il maintenait sévèrement le régime de sa maîtresse; il laissait passer sans mot dire le potage, la pièce de bœuf et le rôti; mais dès que sa maîtresse faisait semblant de toucher aux ragoûts, il grommelait, la regardait fixement et lui interdisait tous les plats trop appétissants. Quelques entremets ne le trouvaient pas aussi rébarbatif et n'éveillaient pas sa sévérité; mais il y en avait qu'il prescrivait absolument, surtout quand une odeur d'épices annonçait quelque danger pour l'estomac affaibli de Ninon.

Il permettait le fruit à discrétion et même l'usage du sucre, mais le café le révoltait. Débouchait-on l'anisette, Bichon, épouvanté, se serrait contre sa maîtresse, comme dans l'instant du plus grand péril; il emportait entre ses dents le petit verre et le cachait soigneusement. Ninon feignait-elle de vouloir prendre du nectar prohibé, notre petit Sangrado (2) se mettait à gronder; insistait-elle, il se démenait comme un lutin, et jamais Purgon (3), sur notre scène comique, ne parut plus emporté que lui.

(1) Femme célèbre par son esprit et sa beauté (1616-1706).

(2) Personnage de *Gil Blas,* le célèbre roman de Lesage. Le docteur Sangrado n'a que deux remèdes pour toutes les maladies: l'eau chaude et la saignée.

(3) Personnage du *Malade imaginaire*, comédie de Molière; son nom, devenu proverbial, caractérise le médecin formaliste et ignorant.

« Bichon, disait Ninon, vous ne serez pas révolté si vous me voyez boire un verre d'eau? »

A ces mots, monsieur se radoucissait; majestueux et tout frémissant de joie, il se réconciliait avec sa maîtresse et daignait boire dans le verre où elle avait bu. Il grugeait une gimblette, et, victorieux, il faisait mille tours. Il sautait de plaisir d'avoir vu passer encore un repas qui, grâce à lui seul, était resté conforme à l'ordonnance et ne devait pas nuire à la santé de son inséparable amie.

Ce joli gouverneur, si aimant et si austère, si vigilant et si incorruptible, est empaillé au cabinet d'histoire naturelle.

CANICHON A LA DENTELLE

ou le petit contrebandier.

Il n'est pas rare de rencontrer certaines personnes qui prétendent que voler le gouvernement n'est pas voler; c'est une erreur. Les fraudeurs des droits de la douane ou du fisc commettent un acte répréhensible. Quand on passe devant un bureau de douane ou d'octroi et que l'on a des objets soumis aux droits, on doit les déclarer et payer ce qui est dû pour l'entrée.

On appelle contrebandier celui qui introduit des marchandises prohibées ou soumises à des droits dont il fraude le trésor. Cela dit, arrivons à l'histoire de Canichon, le plus curieux et le plus habile des contrebandiers qui aient paru sur les frontières de la France.

Imaginerait-on qu'un chien ait servi de commis à quelqu'un

et qu'il lui ait fait gagner — malheureusement d'une manière peu honorable — plus de cent mille écus? C'est cependant ce que l'on a vu à la fin du dernier siècle. Un de ces hommes industrieux mais peu scrupuleux, qui savent, comme on dit, faire une corde de charbon avec une bûche, se détermina, dans une extrême pauvreté, à faire le trafic de la contrebande. Il choisit de préférence l'espèce de marchandise qui occupe le moins d'espace, et qui, par son luxe, rapporte davantage. Il emprunta une petite somme d'argent à un ami, et s'étant rendu en Flandre, il y acheta quelques dentelles, qu'il passa en fraude et sans nul danger, ainsi qu'on va le voir.

Il avait dressé un fort caniche, conformément à son projet; il l'avait fait tondre, et s'était procuré la peau d'une autre bête, du même poil et de la même taille. Il roulait ensuite sa dentelle autour de son chien, et il le revêtait de la robe étrangère, mais si adroitement, qu'il n'était pas possible de découvrir la ruse.

La marchandise une fois arrangée dans ce carton ambulant, « En avant, Canichon! disait le nouveau négociant au commis docile; en avant, mon ami! »

A ces mots, Canichon décampait et passait hardiment par les portes de *Malines* ou de *Valenciennes*, à la barbe même des gardiens vigilants qui étaient préposés pour cette sorte de contrebande.

Ce premier pas franchi, Canichon attendait au loin son maître en pleine campagne. Là, sitôt qu'on s'était rejoint, on respirait librement, on faisait ensemble un copieux déjeuner, et le négociant déposait ses ballots mignons dans un endroit sûr, pour les reprendre à son aise et recommencer le même négoce à mesure qu'il débitait.

Tel fut le succès du contrebandier, qu'en moins de cinq ou six ans il gagna une belle fortune; mais sa prospérité fit des envieux : un de ses voisins le trahit; il eut beau peindre et déguiser diversement l'habit de Canichon, il fut signalé, scrupuleusement épié et reconnu.

Jusqu'où va la finesse de certains animaux ? Les limiers attendaient-ils le caniche par une porte ? celui-ci lisait de loin dans leurs yeux, et zest il filait par une autre. Tous les passages étaient-ils fermés à la fois ? il savait toujours s'en procurer un à travers les obstacles. Tantôt il sautait par-dessus les remparts et les glacis ; tantôt il se glissait furtivement derrière quelque voiture ou entre les jambes des passants, et il arrivait toujours à son but.

Mais quelles que fussent la prestesse et la sagacité de Canichon, il ne put échapper à un genre d'attaque inévitable. Un matin qu'il traversait les fossés de Malines à la nage, il fut atteint de trois coups de fusil et mourut dans l'eau. Il avait alors sur lui pour plus de cinq mille écus de dentelles les plus rares.

Son maître fut inconsolable de sa perte, et il apprit que tôt ou tard nos fraudes se découvrent et qu'il est bon de ne pas s'éloigner de la ligne droite.

UNE TROUPE DE COMÉDIENS A QUATRE PATTES

Un de ces montagnards d'Auvergne, dont le métier est de montrer la marmotte en vie et de faire danser les ours, avait également dressé une demi-douzaine de chiens à différents exercices. L'un montait la garde avec un fusil et un petit sabre ; l'autre faisait le saut périlleux ; celui-ci marchait en crapaud ; celui-là, vêtu d'une robe noire et placé dans une tribune, soutenait une thèse en aboyant à tue-tête et sans discontinuer contre les dogues qui ne cessaient d'aboyer aussi pour répondre à leur tour. En un mot, cette petite troupe de comédiens à quatre pattes suffisait à faire vivre convenablement le directeur; car les hommes payent beaucoup mieux ce qui les amuse que ce qui tend à les rendre sages et prudents.

Par une jalousie trop commune entre les gens du même métier, un autre maître d'ours empoisonna les principaux acteurs de son confrère. Accablé d'une perte si sensible, notre montagnard tomba malade et se vit contraint de garder la chambre.

Ne gagnant plus rien et réduit bientôt à la misère, le pauvre diable eut recours à l'expédient que voici : il forma un gros barbet qui lui restait à porter un écriteau où l'on voyait les rimes suivantes :

Pour mon maître au lit, malade
D'avoir perdu cinq acteurs
Dispos et bons farceurs,
— Messieurs, donnez la caristade.

L'animal, qui n'était point bête, sut son rôle en moins de huit jours; pour lors son maitre lui dit : Prenez Sapajou sur votre dos et allez gagner la vie de votre maître. Sapajou était un singe qui montait à cheval sur le chien, et qui travaillait fort industrieusement avec lui.

Patelin, c'était le nom du chien, Patelin, dis-je, entendit l'ordre à demi mot et l'exécuta sans délai. Il reçut sur son dos le malin singe Maka, coiffé d'un chapeau bleu, vêtu d'une robe rose; puis, guidé par le petit garçon du montagnard, il se rendit sur la place Bellecour; et le monde d'accourir en foule. Comme chacun se pressait à l'envi autour de nos acteurs, le singe mit pied à terre; il prit un bâton dont il frappa comme un sourd tous les gamins moqueurs, et fit un grand cercle.

Lorsque la place fut nette, Patelin salua la compagnie, et il exécuta trois ou quatre tours ordinaires pour préluder. Il dansa ensuite le menuet Dauphin avec Maka; il sauta pour le roi (1), pour la reine, pour le comte d'Artois; puis, à la fin de la pièce,

(1) Louis XVI. On appelait menuet une sorte de danse élégante et grave à la fois qui s'exécutait à deux personnes.

il prit un chapeau entre ses deux pattes, et fit la quête en se présentant respectueusement devant les spectateurs enchantés. Les liards, les sous et même les pièces blanches tombèrent en si grande abondance que le directeur eut de quoi se faire soigner; il guérit et remonta en peu de temps une autre troupe de comédiens.

OU L'ON VA VOIR QUE LE PROVERBE A MENTI

On nous a conté une histoire assez amusante d'un chien et d'un chat, qui, comme il arrive fréquemment, quoiqu'en dise le proverbe, vivent en bonne intelligence dans la même cuisine. Chacun d'eux avait coutume de se chauffer et de dormir dans un coin de la vaste cheminée; le chien à droite, le chat à gauche. Or le chien, on ne sait par quelle lubie, voulut à plusieurs reprises s'emparer de la place adoptée par le chat. Pendant que celui-ci était occupé à manger ou guettait les souris, vite il s'empressait de prendre la place de son ami, qu'il accueillait, au retour, en faisant mine de résister, en grondant. Fort de son droit, le chat insistait; il miaulait d'abord piteusement, semblait prier, puis supplier; il disait au chien, dans son langage, que c'était lui, chien, qui avait choisi les places, qu'il avait préféré l'autre coin et qu'il devait laisser celui-ci à lui, chat, qui d'ailleurs n'avait fait qu'adopter le coin dédaigné. Bientôt après cependant il jurait, et finalement il levait la patte et, d'un coup de griffe bien appliqué, chassait l'intrus de la place indûment occupée. Le chien finissait par comprendre : loin de se révolter, de se fâcher, d'user de ses crocs formidables, il se levait, comme à regret, il est vrai, et allait reprendre le coin opposé.

Quant au chat, jamais, en aucune circonstance, il ne chercha à s'emparer du poste que le chien s'était réservé. Peut-être craignait-il que son ami n'y mît pas tant de formes ni de délicatesse et ne se montrât plus brutal, ayant alors pour lui, outre la force, le droit.

LES CHIENS DE LA MAISON BLANCHE A WASHINGTON

Une curieuse légende commence à se former dans les alentours de la Maison-Blanche, à Washington.

Quand le président Hayes s'y installa, on remarqua qu'un chien maigre, décharné, venu on ne sait d'où, s'avisa de faire, jour et nuit, bonne garde autour de la présidence, sans s'éloigner jamais.

Lorsque Garfield succéda à Hayes, un terrier roux suivit avec obstination la voiture qui conduisit le nouveau président du Capitole à White-House, et releva de sa garde le chien « Hayes », qui disparut mystérieusement.

Lors de l'assassinat de Garfield, le terrier suivit le président agonisant à Long-Branch, où, à sa mort, il disparut à son tour.

Enfin, le président Arthur était à peine investi de ses nouvelles fonctions qu'un gros chien tacheté, métis, élisait domicile dans un bosquet d'arbrisseaux qui fait face à la porte nord de l'habitation, et faisait, lui aussi, bonne garde.

Le personnel de la Maison-Blanche et les gens du voisinage ont constaté l'absolue authenticité de cette « garde » montée et transmise par les représentants de la race canine, qui semblent veiller, avec un soin particulier, sur les présidents des Etats-Unis.

RUSE DES CHIENS MALGACHES

Il y a à Madagascar une race de chiens d'une intelligence hors ligne, et qui déploient, pour se garer des crocodiles, un stratagème des plus ingénieux.

A Madagascar, la plupart des rivières sont peuplées de caïmans et de gros crocodiles. Aussi, quand un chien veut traverser une rivière, il s'arrête sur le bord du rivage, gémit, aboie, hurle de toutes ses forces. Au bruit qu'il fait, le crocodile, très friand de la chair canine, vient à l'endroit d'où partent les aboiements; les caïmans les plus éloignés abandonnent leur retraite pour s'emparer du chien. Celui-ci jappe, aboie, et la comédie dure tout le temps qu'il juge nécessaire pour attirer ses ennemis; puis, lorsqu'ils sont là, tout près, cachés dans la vase, se gaudissant entre eux et savourant d'avance une proie si facile, le chien part comme une flèche, va passer en toute sécurité la rivière à 500 mètres au delà, jappant et bondissant sur la plage, pour se moquer de son ennemi, qui se laisse toujours prendre à cette ruse.

Ce n'est pas trop bête pour un chien malgache!

LE CHIEN MÉLOMANE

Au mois d'août 1882, on exhibait à Paris, dans un café-concert, ce qu'on appelait le *chien-ténor*. Un nègre le prenait dans ses bras, lui criait dans les oreilles, et la pauvre bête, affolée, poussait des hurlements suraigus. Les deux chiens dont on va lire l'histoire, racontée par Méhul, aimaient sûrement plus la musique que le *chien-ténor*.

Chez le chien, l'organe de l'ouïe est d'une exquise sensibilité et d'une merveilleuse finesse ; de plus, cet animal est intelligent, affectueux, capable de sympathies, de sentiments tendres. Aussi des physiologistes distingués ont-ils soutenu qu'il réunissait toutes les conditions nécessaires pour sentir vivement les beautés de l'art musical, de cet art qui vit surtout de sentiments, de passions.

L'antiquité nous offre quelques exemples de chiens mélomanes. Mais chez les historiens grecs et romains, la vérité se trouve mêlée de tant de fables, que nous devons accueillir avec beaucoup de défiance les merveilles qu'ils racontent à ce sujet. Croiriez-vous que Suétone, dans sa *Vie des douze Césars*, assure qu'on vit, dans une fête musicale donnée par l'empereur Domitien, un chien qui battait la mesure avec une précision et une justesse étonnantes ; en un mot, qui remplissait parfaitement les fonctions de chef d'orchestre. Il en est de l'histoire de ce chien merveilleux comme de celle de Romulus et Rémus, nourris par une louve ; ce sont là des contes ingénieux, des fictions divertissantes, voilà tout.

Laissons donc l'antiquité, et arrivons tout de suite aux temps modernes. Voici, sur le sujet qui nous occupe, une anecdote assez piquante, presque contemporaine, et dont un témoin oculaire nous a garanti l'authenticité. Au commencement de la Révolution, un chien allait chaque jour à la parade qui avait lieu devant le palais des Tuileries, se plaçait entre les jambes des musiciens, marchait avec eux, s'arrêtait avec eux; après la parade, il disparaissait jusqu'au lendemain à la même heure, où il revenait à sa place accoutumée.

L'apparition constante de ce chien et le plaisir singulier qu'il semblait prendre à la musique le firent remarquer des musiciens, qui, ne sachant pas son nom, lui donnèrent celui de *Parade*.

Bientôt il fut fêté par chacun d'eux, et tour à tour invité à dîner en le flattant de la main : *Parade, tu viendras dîner avec moi.* Ces mots suffisaient. Le chien suivait son hôte, mangeait gaiement et de bon appétit; constant dans ses goûts comme dans son indépendance, l'ami Parade prenait congé sans que rien pût l'arrêter, se rendait, soit à l'Opéra, soit à la Comédie Italienne, soit au théâtre Feydeau, entrait sans façon dans l'orchestre, se plaçait dans un coin, et n'en sortait qu'à la fin du spectacle.

Rien de plus divertissant, de plus curieux que l'attitude de Parade pendant la représentation.

Jouait-on un ouvrage nouveau, il s'en apercevait dès les premières notes de l'ouverture, il écoutait alors avec la plus grande attention. Si la pièce abondait en mélodies riches et originales, il témoignait de temps en temps le plaisir qu'il éprouvait par des trépignements. Au contraire, si l'œuvre était médiocre, pâle, insignifiante, Parade se mettait à bâiller, tournait le dos au théâtre, regardait tour à tour les loges, le parterre, et enfin s'en allait de fort mauvaise humeur. Sa pantomime expressive était la critique la plus piquante de l'opéra nouveau.

Quand on jouait l'ouvrage d'un grand maître, Parade savait toujours le moment précis où l'artiste en vogue allait chanter un morceau saillant, et alors, par ses mouvements, ses gestes, il s'efforçait d'imposer silence aux spectateurs.

Je ne sais si ce chien vécut longtemps et s'il persévéra dans ses habitudes; mais sa figure, son nom et sa réputation sont encore présents au souvenir de plusieurs musiciens qui l'ont vu et ont été témoins de la singularité de son caractère.

Au fait que nous venons de raconter, nous ajouterons une anecdote qui prouve autant de sagacité que d'intelligence musicale. Il y a quelques années, un joueur d'orgue, vieux et aveugle, parcourait, avec son chien, les rues de Londres, faisant entendre des airs populaires, qui constituent, comme on sait, le répertoire de nos artistes en plein vent. L'orgue lui servait à gagner sa vie ; le chien le guidait dans les carrefours de la Cité, et grâce à la bienfaisance des passants, qui jetaient quelques pièces de menue-monnaie dans son escarcelle, le virtuose nomade et son fidèle compagnon subvenaient facilement aux nécessités de la vie.

Un soir, le vieillard, fatigué des courses de la journée, s'était endormi auprès d'une borne ; l'intelligent quadrupède ne tarda pas à l'imiter, et comme c'était l'heure où le calme et le silence avaient succédé à l'agitation et au tumulte de la populeuse Cité, comme aucun bruit ne troublait leur sommeil, les deux amis dormirent longtemps, bien longtemps.... Mais à leur réveil, quel fut leur étonnement, leur douleur : l'orgue avait disparu, l'orgue, leur gagne-pain, leur unique moyen d'existence ! Que faire ? que devenir ?

Vous peindre l'inquiétude du vieillard et de son compagnon serait chose impossible. Heureusement le pauvre aveugle était connu dans quelques quartiers de la Cité ; sa position inspirait de la pitié, et bien qu'il ne jouât plus aucun air, on était disposé, comme auparavant, à lui faire l'aumône, et sa seule présence suffisait pour provoquer les manifestations de la charité. Ainsi les deux amis n'eurent pas trop à souffrir de la perte de leur instrument. Cependant ils le regrettaient, comme on regrette un compagnon qui vous a longtemps soutenu dans l'infortune.

Quelques semaines s'écoulèrent ainsi, et la douleur du vieillard commençait à se calmer, quand un jour les sons d'un orgue qui retentissait à une centaine de pas frappèrent son oreille. Cet incident vulgaire n'excita d'abord chez lui qu'un médiocre intérêt, car Londres fourmille d'exécuteurs nomades, et pour peu que vous vous promeniez dans les rues, vous en rencontrerez des myriades sur votre chemin. La présence d'un joueur d'orgue parut donc à l'aveugle un fait complètement insignifiant ; il poursuivit sa route avec la plus parfaite indifférence.

Il n'en était pas ainsi de son guide. Dès les premiers sons de l'instrument, tout son corps avait tressailli ; sa queue s'était agitée, et des aboiements répétés avaient trahi les vives émotions qu'il éprouvait ; puis, comme s'il prenait tout à coup une détermination, il entraîna vivement son maître vers le lieu où l'orgue retentissait, et à mesure qu'il approchait, sa respiration devenait plus bruyante, ses cris étaient plus violents et plus expressifs.

Enfin le voilà en face du joueur d'orgue. L'intelligent quadrupède ne s'était pas trompé : c'était bien là l'instrument chéri de son maître, l'instrument qui avait été ravi pendant leur sommeil. D'abord vivement intrigué par la parfaite analogie des sons qu'il venait d'entendre avec ceux qui avaient tant de fois frappé ses oreilles, le sensible animal a voulu éclaircir ses doutes, fixer ses incertitudes. Un admirable instinct l'a guidé, et cet instinct était infaillible.

S'élancer sur le ravisseur, lui sauter à la gorge, se suspendre à l'instrument tant pleuré, aller avertir le vieillard, tout fut l'affaire d'un instant. Les spectateurs de cette étrange scène furent d'abord surpris, intrigués au dernier point ; puis, devinant qu'il y avait quelque mystère là-dessous, ils cherchèrent à l'approfondir. On questionna l'aveugle, qui avait tout compris et qui donna le mot de l'énigme.

LES CHIENS MUETS

Le professeur Bell, dans une lettre datée de Maurice, île de l'Océan indien, raconte les faits suivants :

« Nous avons touché à Juan de Nova, où j'ai eu l'occasion de voir pour la première fois une île toute de pur corail. A différentes époques, on a abandonné sur ce rivage des chiens de toute espèce qui, grâce à l'abondante nourriture que leur fournissent les œufs de tortues, les jeunes tortues et les mouettes, se sont multipliés d'une manière prodigieuse. Aujourd'hui, ils sont au nombre de plusieurs mille. Ils parcourent l'île par bandes, et ils chassent les oiseaux de mer avec un art, un ensemble et une adresse qu'on ne rencontre guère ordinairement que chez les renards. Quelquefois, pour le partage du butin, il s'élève entre eux des luttes et des batailles sanglantes. Je puis affirmer, d'après mes observations personnelles, qu'ils boivent de l'eau de mer et qu'ils ont entièrement perdu la faculté d'aboyer. Quelques-uns, que l'on a enfermés pendant plusieurs mois, n'ont recouvré dans la captivité ni leur voix, ni leurs anciennes habitudes. »

D'un autre côté, voici ce que dit Buffon des chiens muets :

« Tous les chiens, de quelque race et de quelque pays qu'ils soient, perdent leur poil dans les climats excessivement chauds et aussi leur voix. Dans certains pays, ils sont tout à fait muets, dans d'autres ils ne perdent que la faculté d'aboyer ; ils hurlent comme les loups, ou glapissent comme les renards. Ils semblent, par cette altération, se rapprocher de leur état de nature ; car ils changent aussi pour la forme et pour l'instinct : ils deviennent laids, et prennent tous des oreilles droites et pointues. Dans les saints livres, les pasteurs infidèles sont nommés des sentinelles aveugles qui demeurent dans l'ignorance, des *chiens muets* qui ne savent pas aboyer et qui s'endorment. »

HISTOIRE QUI FAIT PLEURER

ou un trait bien touchant d'amour maternel.

Un jour que Mouginot, marchand forain à Lonzaz, petite ville du département de la Corrèze, devait aller à la foire de Treignac, il attela son vieux cheval maigre à sa carriole mal assise sur un essieu criard, et se mit en route, suivi de sa chienne, qui ne le quittait jamais. Lorsqu'il fut arrivé à son auberge accoutumée, il détela, mit son cheval à l'écurie, et s'éloigna pour aller faire ses affaires. Quelques heures après, commissions faites, marchandises vendues, volaille achetée, il s'en revint procéder au chargement. Quand tout est prêt et mis en ordre sur la carriole, il va pour prendre son cheval; mais quel n'est pas son étonnement quand il aperçoit, dans un coin obscur de l'écurie, sa chienne entourée de six petits qui viennent de naître! Il hésite d'abord sur le parti qu'il devra prendre; puis, après courte réflexion, il se décide à laisser cette progéniture incommode. Qu'en ferait-il? Le propriétaire de l'écurie s'en débarrassera comme il le pourra; il n'aura pas, quant à lui, le déplaisir de la jeter lui-même à la rivière. Il attelle donc, et, se mettant en route, il siffle sa chienne.

A ce signal connu et respecté, la pauvre mère arrive aussitôt et suit son maître sans hésiter, sans paraître préoccupée de l'abandon de ses petits. Mouginot rentre à son logis, donne à manger à ses deux compagnons, soupe lui-même avec sa femme à laquelle il raconte ce qui lui est arrivé, et se met au lit. Le jour venu, il se lève pour faire boire son cheval. O surprise! ô douleur! le premier objet qui se présente à sa vue, c'est sa chienne étendue morte sous la crèche, et les six petits, s'acharnant à sucer les mamelles froides et insensibles de leur mère ! Que s'est-il donc passé pendant la nuit ? Il est facile de s'en rendre compte : pendant que le maître dormait tranquillement, la pauvre mère était retournée à Treignac pour chercher ses petits, et comme il ne lui était pas possible d'en porter à la gueule plus d'un à la fois, elle avait fait douze fois le trajet, aller et retour, passé à la nage douze fois la Vézère dont le pont n'était pas encore construit à cette époque. Or, il n'y a pas moins de quinze kilomètres de distance de Lonzac à Treignac. Que l'on juge de la fatigue éprouvée par ce pauvre animal et de l'effet produit sur son corps échauffé par douze bains d'eau froide; c'était la mort.

Donnons un souvenir attendri à cette victime de l'amour maternel. (*Magasin pittoresque.*)

LE FIDÈLE COMMISSIONNAIRE

Un officier autrichien, en garnison à Vienne, possédait un chien qu'il avait dressé à une singulière manœuvre. Chaque matin, il l'appelait en sifflant, le faisait monter sur une table placée près de la fenêtre, et lui montrant un bureau de tabac situé en face de la maison, il lui présentait sa tabatière dans laquelle il avait enfermé une pièce de monnaie, et lui disait, en ouvrant la porte : « Allons, Azor, va chercher.... » Le chien saisissait la tabatière entre ses dents et descendait rapidement l'escalier, traversait la rue et allait gratter à la porte de la boutique. Le marchand venait ouvrir, prenait la boîte, la remplissait de tabac et la remettait au chien, qui la rapportait fidèlement à son maître.

Au bout de quelques années, l'officier changea de garnison et fut envoyé à Prague. Il se trouva que la chambre qu'il occupait était encore située vis-à-vis d'un bureau de tabac. Faisant monter son chien sur une table, il le lui montra, et mettant une pièce de monnaie dans sa tabatière, il la lui donna, en disant, comme il le faisait à Vienne : « Allons, Azor, va chercher.... » Le chien s'élança dehors ; le maître regarda par la fenêtre, curieux de voir ce que le chien allait faire ; mais il ne l'aperçut pas. Il attendit quelques instants, puis il descendit dans la rue et le siffla : Azor ne reparut pas. Comme l'officier tenait beaucoup à son chien, il donna son signalement dans une affiche et promit dix florins de récompense à qui le lui ramènerait. Ce fut en vain. Le troisième jour, on gratta à la porte : l'officier ouvrit. C'était Azor, mais dans quel état! les pattes tout en sang, les yeux éteints, la respiration pressée. Il déposa la tabatière aux pieds de son maître, et s'y étendit pour ne plus se relever. Une demi-heure après, il expira.

Le fidèle animal était allé chercher le tabac à Vienne, c'est-à-dire à plus de soixante lieues.

LA CHIENNE DE L'AMÉRICAIN

Un riche Anglais, que des revers de fortune avaient forcé de s'expatrier, était allé s'établir avec sa famille dans un des territoires les plus solitaires et les plus reculés de l'Amérique du Nord. Aidé de quelques esclaves, il avait défriché un coin d'une ancienne et vaste forêt, et s'était fait planteur. Tout autour de l'établissement se trouvait la solitude la plus complète. Le voisin le plus proche était un naturel du pays établi au milieu des bois, à plus de trente milles de là. L'Américain avait reçu à différentes reprises des preuves non ambiguës de la généreuse amitié de l'Anglais : quelques plantes nouvelles et des graines précieuses. Aussi, toutes les fois que la chasse le conduisait à quelques milles de l'habitation de son voisin, il ne manquait jamais d'aller lui témoigner sa reconnaissance. Un jour, il trouva la famille désolée : le fils unique de la maison, un jeune enfant de trois à quatre ans, aux longs cheveux blonds, aux joues fraîches et roses, avait disparu depuis quelques heures. Tous les environs avaient été battus; les ruisseaux, les sources et les trous avaient été examinés, et l'on n'avait trouvé aucune trace de l'enfant. Sans doute il s'était égaré dans la forêt, à la poursuite des papillons aux vives couleurs ou de quelques oiseaux aux plumes dorées. La nuit approchait, et les pauvres parents se laissaient aller à une muette douleur. L'Américain avait avec lui une chienne rousse, aux longs poils, d'une figure disgracieuse, mais fine et intelligente. Il se fait apporter des vêtements de l'enfant; il les montre et les donne à flairer à l'animal, puis il lui désigne de la main les quatre points cardinaux. La chienne a compris quelle est la volonté de son maître; elle baisse la tête, cherche des naseaux, hésite un moment; puis elle part comme un trait. Nous renonçons à peindre les divers sentiments d'angoisse poignante et d'espérance folle qui agitèrent cette malheureuse famille en attendant le retour de l'intelligente bête. Enfin on la vit revenir haletante et couverte de sueur : ses vives démonstrations et ses yeux rayonnants annonçaient que sa mission n'avait pas été infructueuse. Des torches furent allumées. On la suivit à travers les immenses futaies. Après deux heures de marche, on trouva le pauvre petit couché et endormi au milieu d'une touffe de hautes herbes, où il n'aurait pas tardé à devenir la proie des animaux féroces.

TOM A LA RECHERCHE DE L'OR

Voici un épisode récent qui est une preuve nouvelle de l'intelligence et de la fidélité du chien.

La scène se passe sur la route de Neuilly. La nuit est noire, si noire qu'un monsieur, suivant au petit trot, dans la voiture qu'il conduit lui-même, la chaussée qui mène à Paris, n'aperçoit point à quelques pas de lui un individu courbé vers la terre.

Au contact du cheval, dont les naseaux frôlent son épaule, l'individu, brusquement détourné de son occupation, se redresse. Le cheval se cabre.

« Maladroit, lui dit le voyageur, vous pouviez vous faire écraser !

— Ma foi, tant mieux !

— Pourquoi tant mieux ?

— Parce que je suis un homme perdu.

— Expliquez-vous ?

— Je suis un pauvre ouvrier ; mon patron m'a chargé d'aller recevoir à Neuilly une facture de 300 fr. ; j'ai touché la somme en pièces d'or, j'ai mis les louis dans ma poche ; mais voilà que je viens de m'apercevoir que la poche est percée et que les malheureux louis ont glissé un par un. Vous voyez bien que je suis perdu. On n'y voit rien ; la chaussée est boueuse, il n'est pas possible de distinguer quoi que ce soit. Je suis un malheureux.

— Ne vous désolez pas de la sorte, lui répondit le voyageur ému de la situation du pauvre diable. Des pièces d'or que vous aviez dans la poche ne vous en reste-t-il aucune?

— Une seule, je crois.

— Donnez-la-moi. »

Alors le voyageur détacha son chien Tom attelé au-dessous de la voiture, plaça la pièce d'or sous ses narines, et lui dit ces simples mots : « Tiens, Tom, va chercher.... »

L'intelligent animal flaira un instant la pièce de monnaie et se mit à courir sur la chaussée, le museau rasant la terre.

A chaque minute il revenait vers son maître avec des gambades, rapportait un louis qu'il déposait dans sa main et s'élançait à sa moisson d'or.

Au bout d'une demi-heure, les 280 fr. étaient retrouvés.

Il y a peu d'années que cet événement s'est passé. Le chien en question porte un collier, et sur la plaque est gravée la date du fait étonnant qui vient d'être raconté.

LE CHIEN DU SOLITAIRE

. . . .

Le Chien seul en jappant s'élança sur mes pas,
Bondit autour de moi de joie et de tendresse,
Se roula sur mes pieds enchaînés de caresse,
Léchant mes mains, mordant mon habit, mon soulier,
Sautant du seuil au lit, de la chaise au foyer,

Fêtant toute la chambre, et semblant aux murs même,
Par ses bonds et ses cris, annoncer ce qu'il aime;
Puis, sur mon sac poudreux à mes pieds étendu,
Me couva d'un regard dans le mien suspendu.
Me pardonnerez-vous, vous qui n'avez sur terre
Pas même cet ami du pauvre solitaire?
Mais ce regard si doux, si triste de mon chien,
Fit monter de mon cœur des larmes dans le mien.
J'entourai de mes bras son cou gonflé de joie;
Des gouttes de mes yeux roulèrent sur sa soie.
O pauvre et seul ami, viens, lui dis-je, aimons nous!
Car partout ou Dieu mit deux cœurs, s'aimer est doux!

LAMARTINE.

LES ANGUILLES DU PAUVRE ANGUILLARD

Les chiens qui sont bien dressés, font des commissions avec une exactitude, une intelligence et une fidélité que l'on chercherait quelquefois en vain chez bien des serviteurs. On a vu un pâtissier de Paris envoyer à Saint-Germain des pâtés de perdrix, et c'était un dogue qui en portait ordinairement un assez gros dans un panier, et qui faisait ce voyage sans être même tenté de toucher au mets friand dont l'odeur alléchante montait si près de son nez.

Le barbet dont nous allons parler, avait pour le moins autant de *vertu;* mais il surpassait encore tous ceux de son espèce en industrie, ainsi qu'on va en juger. Un cuisinier de la marquise de Sénonchaux l'avait élevé et l'avait accoutumé, soit à porter, soit à rapporter différents objets. Telle était son adresse qu'il saisissait à la volée une pièce de dix sous et qu'il allait la porter à de très grandes distances aux personnes de la connaissance du chef, et dont il suffisait de lui citer le nom.

Dressé à faire toutes sortes de commissions, cet animal intelligent prenait un panier à sa gueule; puis, partant du château, il allait à un bourg voisin chercher du tabac, du café, du sucre, du fromage, de la morue et mille autres denrées dont on pouvait avoir besoin. Il était si vigilant, si actif, qu'en trois quarts d'heure il faisait deux grandes lieues, une pour aller et l'autre pour revenir, avec ce qu'il rapportait dans un panier, au fond duquel son maître se contentait de mettre une carte, pour indiquer aux marchands ce qu'il voulait avoir.

Un jour, cependant, le barbet fut mis à une rude épreuve. C'était un vendredi, et son maître avait besoin de poisson pour le dîner. Il trace à la hâte un billet, il l'attache à une serviette, puis il dit : « Allons, Barbichon! prenez votre panier, il me faut des anguilles; presto! partez, et soyez ici avant une heure. » Le commissionnaire, aussi docile que ponctuel, part à ces mots et court comme un cerf.

Cependant, inquiet au sujet d'une commission qu'il n'avait pas encore donnée, le cuisinier prévient un de ses marmitons, afin qu'il observe de loin l'allure de son chien; mais il lui ordonne de ne s'en approcher qu'en cas d'attaque ou d'une nécessité urgente.

Arrivé au marché, le barbet se présente fièrement devant la marchande accoutumée. Celle-ci tire d'un baquet plusieurs belles anguilles; elle les met dans le panier, puis, enveloppant le tout avec la serviette qu'elle noua fortement, elle donne la provision vivante à Barbichon, qui détale au plus vite pour se rendre au château.

Cheminant rondement et ne se doutant de rien, le commissionnaire ne tarda pas à s'apercevoir que ce qu'il portait était un peu plus incommode qu'un fromage de Gruyère. En effet, bientôt une des bêtes frétillantes, glissant sa tête par une fente de la serviette, se tortille, s'allonge et veut s'enfuir, et le barbet de grogner, d'aboyer et de secouer rudement son paquet pour faire renfoncer la fuyarde.

Au bout de trente pas, une autre *demoiselle* fait la même incartade par son coin, puis bientôt une troisième ; une quatrième imite, de son côté, le mauvais exemple de la première; toutes enfin s'agitent à la fois pour s'évader.

Le chien ne perd pas la tête dans ce cas imprévu : il pose aussitôt son panier au pied d'un arbre; il applique de bons coups de dents à chacune des vagabondes, ainsi forcées de rentrer dans le devoir, et le barbet poursuit sa route.

Le pauvre Barbichon n'était pas au bout de ses ennuis ; un quart d'heure après, comme il longeait un ruisseau serpentant à travers une prairie, toutes les anguilles font une irruption soudaine; les nœuds de la serviette, relâchés par les violentes secousses, se défont tout à coup, et voilà les poissons qui vont çà et là et qui sont tout près de regagner leur domicile favori.

Ce fut dans cette situation embarrassante que le marmiton crut qu'il fallait courir au secours; mais l'instinct admirable du chien lui en évita la peine. En effet, se cachant derrière un saule, ce garçon aperçut le barbet, furieux, qui s'élança sur les anguilles au moment où elles allaient se glisser dans l'eau. Il les étrangla toutes sans miséricorde, et les ayant remises dans le panier, il rapporta la provision entière à son maître qui commençait à être fort en peine, car l'heure du dîner approchait.

Depuis cette aventure, le cuisinier, étonné de l'esprit de son chien, raconta ses prouesses à tout venant, et au lieu de Barbichon, il lui donna le nom d'*Anguillard*. Ce qu'il y a de singulier, c'est que cet animal grognait toujours depuis ce moment en entendant cette espèce de sobriquet. Il ne voulut plus désormais aller chercher de poisson quelconque ; dès que l'on proférait seulement le mot d'anguille, il fuyait et ne reparaissait à la cuisine que plusieurs heures après.

BONNE CAMARADERIE

Le célèbre poète anglais, lord Byron (1788-1824), avait à son château deux chiens, l'un de forte taille, qu'il nommait Bosman, et l'autre de petite espèce. Un jour que ce dernier s'était fourvoyé dans une ferme voisine, il fut battu par un chien de basse-cour qui le mit en piteux état. Il s'en revint au logis en poussant des cris lamentables, et raconta, à sa manière, son aventure à Bosman. Celui-ci partit aussitôt avec le battu pour retourner à la ferme; là, il livra un combat terrible au méchant qui avait déloyalement maltraité son faible compagnon. Après cet exploit, les deux amis s'éloignèrent et s'en revinrent tout joyeux au château.

LE CHIEN DES TOMBEAUX

Le chien n'est pas seulement pour l'homme un serviteur docile; il est un ami tendre et constant. Il partage la vie de son maître, il couche sous son toit, et se nourrit des miettes qui tombent de sa table. On dirait qu'il comprend ses joies, qu'il est surtout sensible à ses chagrins et à ses tristesses. Sous ce rapport, le chien a un sens très délicat et très exquis. C'est lui qui accourt et qui est présent quand les autres amis s'éloignent.

Si son maître est malheureux, il le console avec ses caresses; s'il est seul, il le distrait et lui tient compagnie; s'il est blessé, il lèche ses plaies pour les guérir. Le chien est l'ami fidèle qu'on est sûr de trouver toujours près de son maître et qui le suit partout... même sur sa tombe!

Un petit barbet survécut à une famille entière dont il faisait les délices. C'étaient de bons villageois vivant en paix de quelques coins de terre dont ils multipliaient la fécondité à force de travaux et de soins. Le père, la mère, deux grandes filles et trois fils furent successivement atteints d'une peste terrible qui désolait les environs de Marseille, et ils moururent tous en sept ou huit jours. A mesure que ces infortunés furent portés en terre, le chien, désolé, suivit leur cercueil, et revint au logis en poussant de plaintifs hurlements.

Lorsque toute cette famille fut inhumée, le barbet, inconsolable, ne voulut plus rester dans la maison. Habitée par d'autres personnes qui, charmées de son excellent naturel, lui faisaient le meilleur accueil, il y revenait seulement tous les deux ou trois jours pour prendre quelque nourriture. A peine avait-il mangé qu'il s'en retournait vite au cimetière; et dès lors on donna à cette bête reconnaissante le surnom de *chien des tombeaux*.

Il est d'usage dans les campagnes que chaque défunt ait sa fosse particulière. Durant sept années que la vie de ce pauvre animal fut encore prolongée, il demeura constamment couché sur la tombe de ses maîtres. Comme il avait reçu de tous de bons traitements, il partageait tour à tour ses regrets à leurs restes. Mais on remarqua que le chien des tombeaux restait par prédilection sur la petite fosse du plus jeune fils, mort à l'âge de sept ans, et qui lui avait prodigué mille caresses enfantines. Cet animal fidèle s'y lamentait sans cesse, sans cesse il en remuait la terre avec ses pattes comme pour aller rejoindre son jeune ami; il veillait jour et nuit à un si cher dépôt, et ne s'en arrachait qu'avec peine, afin d'aller prendre un peu de nourriture.

Ces devoirs sacrés, que les amis de notre temps rendent si

rarement à leurs amis et les parents à leurs parents, parurent admirables dans une simple brute. Les villageois des campagnes d'alentour en furent singulièrement touchés. Les dimanches et les fêtes, les mères de famille aimaient à conduire leurs enfants au cimetière, afin qu'un si bel exemple d'attachement ne fût point perdu, et elles leur disaient : « Mes enfants, admirez le chien des tombeaux, et ne l'oubliez jamais. »

LE CHIEN DE RENAUDIN

Un jeune étudiant de Montpellier, nommé Renaudin, fut renversé un jour par un cheval qu'on conduisait au grand galop à l'abreuvoir; il fut renversé et mourut sur la place. Un chien loup, qu'il avait élevé et qu'il conservait depuis son enfance, se jeta sur son maître, se mit à hurler de douleur et ne voulut point s'en séparer. Qui peindrait le désespoir de ce pauvre animal lorsqu'il vit enfermer le corps du malheureux jeune homme dans le cercueil ! Rien ne put l'en séparer, et il le suivit jusqu'au cimetière. Se couchant alors sur la fosse, il refusa toute espèce de nourriture pendant près de cinq jours. Enfin, au bout de ce terme, quelques camarades du défunt parvinrent à lui faire manger un peu de pain trempé dans du lait; mais jamais il ne voulut abandonner le poste que son cœur lui avait assigné; il s'y lamentait sans cesse, il y restait jour et nuit quelque temps qu'il pût faire.

Afin d'adoucir un peu le sort de ce chien inconsolable, les jeunes étudiants lui fabriquèrent une petite cabane auprès du tombeau de son maître; ce fidèle ami y demeura cinq années entières avec les mêmes regrets et la même constance, et, pendant un si long terme, il ne s'en éloigna jamais plus de quinze ou vingt pas.

Une particularité bien frappante, c'est que, depuis le fatal moment où ce chien se fut confiné dans le cimetière, il ne souffrit point la société des autres animaux de son espèce ; jamais il ne put se résoudre à courir ni à jouer avec ceux qui venaient de temps en temps le visiter dans sa solitude ; quand ils aboyaient auprès de lui afin de le provoquer, il s'enfonçait soudain dans sa loge, et il y restait plongé dans une morne tristesse.

Cet animal étant mort, on l'enterra près de l'ami qu'il avait pleuré avec tant de constance. On l'a cité longtemps dans le pays comme un modèle d'amitié ; son attachement y a même passé en proverbe, et l'on dit des gens qui ne sont amis que pour la bourse : *Oh! pour celui-là, il ne vaudra jamais le chien de Renaudin.*

MÉMOIRE DE STELLA

Une petite chienne avait perdu un œil dans un combat contre un chat. Il y avait bien longtemps de cela, et Stella — c'était son nom, — rendue pacifique par l'âge et par les infirmités, avait complètement renoncé à toute idée guerrière, lorsqu'un jour, furetant dans un jardin, elle arriva sans penser à mal à la porte d'une cabane où la chatte de la maison élevait ses petits. Minette, pour qui tout chien est un ennemi, quitte ses nourrissons et s'avance menaçante. Stella, rassurée par la pureté de ses intentions, ne se hâte point de fuir. Minette prend son calme pour de l'insolence et lui saute à la tête. Alors la pauvre Stella, trop faible pour pouvoir se défendre, se couche sur le dos, et, se rappelant sans doute que les griffes des chats sont particulièrement redoutables pour les yeux, met une de ses pattes de devant sur l'œil qui lui reste, comme pour le garantir. C'est ainsi qu'on la trouva quand on vint à ses cris et qu'on l'arracha aux griffes et aux dents de la chatte furieuse. Elle était criblée de blessures, mais elle avait su préserver son œil.

LES CHIENS DE SOMME

et les chiens vainqueurs à la course.

Défense est faite d'attacher des chiens aux voitures traînées à bras.

S'il y a des chiens bichons, des carlins et des caniches choyés et caressés, il y a aussi des chiens de peine et de fatigue. On les voit attachés à de petites charrettes et traîner des fardeaux assez lourds. Pour habituer les chiens à traîner ou à porter, on les exerce par degrés. On leur attache, au moyen d'une courroie, une grosse pierre au cou ; puis le maître marche devant, allant à droite, à gauche, faisant des détours, et toujours suivi du chien qui traîne son boulet. C'est ainsi qu'on abuse de l'affection de cet animal dévoué. La coutume barbare dont nous venons de parler — abolie à Paris depuis 1826 seulement — existe encore dans certains pays, et entre autres, en Belgique, où le chien est traité comme une bête de somme. Dès la pointe du jour, les rues de Bruxelles sont sillonnées de petites voitures chargées de lait, de légumes, de pain, que les maraîchers, les boulangers, etc., portent à leurs pratiques; et, dans ce labeur fatigant, ce sont les chiens qui font l'office de chevaux; mais ils montrent bien autrement d'intelligence, allant d'eux-mêmes d'une maison à une autre sans jamais se tromper, et sans attendre, comme le cheval, que leur maître les avertisse par un signe ou les dirige par un mot. Nous en avons vu un faire preuve d'un instinct presque incroyable. Attaché à une voiture pleine de choux, il débouchait dans une rue qui était en réparation et à moitié dépavée. Lorsqu'une des roues rencontrait un caillou, l'animal se retournait brusquement; si l'obstacle lui paraissait difficile à surmonter, il l'évitait avec autant d'adresse que l'eût pu faire un homme; et quand, quelques pas plus loin, il rencontrait la même difficulté, il s'appliquait à calculer sa direction de manière à passer à côté de l'obstacle.

Arrivé au marché ou à toute autre destination, on dételle ces pauvres animaux afin qu'ils aillent par la ville chercher leur nourriture. Leur instinct mesure admirablement le temps qui leur est accordé; à l'heure dite, on les voit tous accourir et reprendre leur petit collier de misère.

LES DOGUES DE CARIBOUFFE

boucher à Lille.

On a vu des chiens surpasser des chevaux à la course; nous allons en citer un exemple mentionné autrefois dans tous les journaux.

Jean-Pierre Caribouffe, riche boucher de Lille, avait six dogues de forte race; ils étaient énormes, avaient une voix de taureau, et telle était leur force qu'ils traînaient lestement plusieurs tonneaux de vin chargés sur un haquet. Un bœuf en furie ne leur imposait en aucune manière; ils l'attaquaient de front, ils le harcelaient, le mordaient à belles dents et le mettaient hors de combat.

Devenus célèbres par mille tours de force et surtout par leur surprenante célérité, on ne parlait de tous côtés que des dogues de Caribouffe. Celui-ci s'étant trouvé un dimanche matin dans sa carriole sur la route du prince de Ligne qui était en carrosse, il anima ses dogues et dépassa la voiture du prince de plus de cent toises (200 mètres), et cela à diverses reprises. Etonné de voir ses chevaux surpassés par des chiens, le prince demanda au boucher si ses coursiers d'un nouveau genre fourniraient bien ainsi une demi-lieue de suite.

Tout fier d'avoir attiré les regards du prince, le boucher répondit qu'une demi-lieue était une bagatelle, que ses dogues étaient en état d'en faire plusieurs au grand galop, et que si l'on voulait, il parierait cent louis qu'ils surpasseraient les chevaux du prince pendant une course de trois lieues.

Le défi est accepté pour le dimanche suivant, et l'on convient de part et d'autre que l'espace à parcourir serait de Leuze à Tournai. Il est inutile de dire qu'une grande multitude, attirée par la curiosité, accourut le long de la route, dès le matin du jour indiqué.

Ayant bien fait repaître ses six chiens, Caribouffe fut ponctuel au rendez-vous, et, au signal donné, il partit en même temps que l'écuyer du prince de Ligne, qui conduisait un phaéton attelé de six superbes chevaux de Frise (province de Hollande).

Bien que le boucher fût très gros et qu'il pesât un bon poids, il devança de beaucoup dans sa carriole les coursiers fougueux; il arriva à Tournai quinze minutes avant son concurrent, et gagna ainsi deux mille quatre cents francs en moins d'une heure.

LE CHIEN COCHER

Après le chien de course, parlons du chien cocher; c'est une suite naturelle.

Le marquis de Ségonsac, procureur général de la Cour des monnaies de Paris, avait un très habile cocher qui avait le très grand défaut d'aimer avec excès le jus de la treille. Ce qu'il y avait de plus dangereux, c'est que notre ivrogne savait parfaitement cacher son vin; plus il était ivre, plus il avait de hardiesse, et plus, dès lors, il brûlait le pavé au grand péril des pauvres piétons.

Heureusement que cet imprudent buveur avait toujours à ses pieds, et sur la coquille de la voiture, un gros chien-loup qui s'apercevait toujours de l'état de son maître. Alors, jugeant bien que l'ivrogne n'avait pas assez de raison pour éviter les dangers, ce sage animal se chargeait lui-même d'avertir les passants. Du plus loin qu'il voyait un homme chargé ou un enfant sur le passage des chevaux fougueux qui fendaient l'air, il aboyait de toutes ses forces, et ses cris salutaires sauvèrent plus d'une fois des bras et des jambes qui, sans sa prévoyance, eussent été rompus sous les roues du carrosse.

On a remarqué que ce chien plein de sagacité n'aboyait jamais lorsque son maître était de sang-froid; son silence rassurait alors la marquise de Ségonsac lorsqu'elle montait en voiture; mais les aboiements continuels lui causaient les plus vives alarmes. Plus d'une fois, elle différa ou interrompit sa course et manqua plus d'une visite importante; mais en agissant ainsi, elle échappa probablement à de graves dangers.

LE CHIEN FRILEUX

ou qui va à la chasse perd sa place.

Il y avait dans une hôtellerie de Besançon trois gros dogues destinés à garder la maison et les cours toujours remplies de voitures. Pendant l'hiver, en attendant les voyageurs, ces chiens ne manquaient point de venir tous les soirs prendre place au foyer de la cuisine; mais ils s'y rangeaient dans un petit coin et de façon à ne déranger personne.

La jeunesse est imprévoyante et étourdie; mais elle finit par s'instruire à ses dépens.

Le plus petit des trois dogues arrivait fort souvent le dernier, et ses camarades, étendus tout du long, avaient l'impolitesse de le laisser derrière, et il lui était alors impossible de se chauffer. Nous devons à la vérité de dire que ce chien était extrêmement frileux; mais il n'était pas des moins avisés, et voici ce qu'il fit pour prendre la place de ses compagnons incivils.

Un jour qu'il était arrivé le dernier, après avoir rôdé de tous côtés pour prendre un poste, après avoir grogné et mordu même assez rudement les autres dogues pour les faire écarter un peu, il s'avisa de courir à la porte; il y donna l'alarme en aboyant de toutes ses forces comme s'il y eût eu quelques voleurs ou des étrangers. Alors les deux autres dogues se levèrent et accoururent pour aboyer à leur tour. Pendant que ceux-ci jappaient à tue-tête, notre frileux ne fit qu'un saut; il revint prendre leur place et laissa les nigauds à la sienne.

Depuis ce jour, le drôle employa la même ruse avec le même succès, et les maîtres du logis ne manquaient pas de la faire observer aux voyageurs qui venaient loger dans leur auberge.

Descartes, qui regardait les bêtes comme de pures machines, n'avait certainement pas réfléchi sur la sagacité du chien; aussi la nièce de ce célèbre philosophe disait-elle avec sens : « Le plus petit singe du monde, un simple moucheron détruit en un instant tous les raisonnements de mon oncle sur les bêtes machines.

Nous citerons à ce sujet les vers que fit Mlle Descartes sur une fauvette apprivoisée qui revenait tous les ans avec ses petits, pour rendre une espèce d'hommage à une dame qui l'avait élevée et qui lui avait donné sa liberté :

Voici quel est mon compliment
Pour la plus belle des fauvettes :
Quand elle revient où vous êtes,
Ah! m'écrié-je alors avec étonnement,
N'en déplaise à mon oncle, elle a du sentiment.

LE CHIEN TOURNEBROCHE

Le savant physicien Ampère (1775-1836) se plaisait à raconter un fait qui dénote chez certains animaux de la race canine une appréciation exacte du juste et de l'injuste. Deux chiens qui étaient employés à tourner la broche dans une auberge, avaient été accoutumés à se succéder régulièrement dans ce service; en sorte que lorsqu'on appelait celui dont ce n'était pas le tour, il se refusait obstinément à se mettre au travail : sa docilité, au contraire, était parfaite lorsqu'il n'y avait point de passe-droit.

UNE ATTENTION DÉLICATE

« Il faut que je vous raconte, dit Cowper, un aimable trait de mon chien *Beau*. En me promenant près de la rivière, je remarquai de beaux lis d'étangs qui flottaient à quelque distance de la rive. Il me prit envie d'en avoir un qui était moins éloigné que les autres, et j'essayai de le tirer à moi en me servant de ma longue canne; mais je n'y réussis point, et je m'éloignai. Beau m'avait observé avec beaucoup d'attention. Après m'avoir suivi pendant quelques pas, il retourna à l'endroit où étaient les lis, se jeta dans l'eau, et, comme je revenais de son côté, il nagea vers moi en portant entre ses dents l'une des fleurs qu'il déposa à mes pieds.... Cette attention délicate m'attendrit jusqu'aux larmes. »

LE CHIEN DE NEWTON

Rien n'est beau comme l'empire sur soi-même. Rester calme au milieu des ennuis dont la vie est remplie, accepter sans murmure les événements quels qu'ils soient, est la preuve d'une grande sagesse.

Diamant.

Le chien de Newton, l'illustre savant anglais, s'appelait Diamant ; il était petit et vif. Un soir, il sauta sur le bureau de son maître et renversa une bougie allumée. Le bureau était couvert de pages manuscrites de Newton, et bientôt elles furent consumées. C'était un long travail anéanti, un grand nombre de veilles perdues; Newton se contenta de dire : « Diamant ! Diamant ! combien peu tu sais ce que tu as fait là ! »

LE CORDON, S'IL VOUS PLAIT!

Dans une communauté où l'on nourrissait un chien pour la garde de la maison, tous les religieux qui arrivaient après l'heure du repas devaient tirer une petite sonnette; le frère chargé des fonctions culinaires leur passait alors leur portion au moyen du *tour*. Le chien, qui observait souvent le jeûne plus exactement que personne, bien que la règle ne fût pas faite pour lui, finit par remarquer ces mouvements et s'imagina d'en tirer parti. Il sonne, et aussitôt un morceau appétissant lui est servi. Heureux s'il avait su se renfermer dans de justes limites! Mais il tira si souvent le cordon, que le cuisinier s'avisa un jour de regarder quel était le retardataire. Peu s'en fallut qu'il ne criât au miracle. On mit remède à la chose ; mais les religieux, dit-on, charmés de l'instinct de leur gardien, se plurent depuis à l'entretenir dans l'abondance.

PASSEZ AU LARGE!

Annibal était un chien de garde dans une forte maison de banque de la rue Saint-Denis; il était connu de tous les habitants du quartier. Le banquier en faisait plus de cas que du plus ancien de ses employés : c'est qu'il savait qu'aucun gâteau de miel n'était capable de corrompre ce fidèle Cerbère préposé à la garde du jardin des Hespérides. Or un jour, ou plutôt une nuit, une nuit glacée d'hiver, Annibal eut l'occasion de prouver tout le dévouement et toute l'intelligence qu'il pouvait, dans une circonstance donnée, mettre au service de son maître. Le garçon chargé du soin de fermer les bureaux avait oublié un soir, par une négligence bien coupable, de fermer la porte principale, celle qui donnait sur la rue. Annibal, qui dormait étendu au pied de la caisse, s'est bien vite aperçu qu'il se passe quelque chose d'inaccoutumé dont les conséquences peuvent être la ruine complète de son maître; mais son parti est pris : il passera la nuit en sentinelle sur le seuil même et en dehors de la porte restée entr'ouverte. Cela dura depuis minuit jusqu'à huit heures du matin. Quand Annibal apercevait quelque rôdeur ou quelque bourgeois attardé, un grognement terrible les avertissait qu'il fallait quitter le trottoir ou passer au large. Au point du jour, un commerçant du quartier, une connaissance d'Annibal, étonné de voir le banquier si matinal, se dirigea vers la porte; mais le chien montra les dents : il occupait un poste et ne connaissait plus d'amis.

Ce n'est que quelques heures plus tard que le voisin apprit, de la bouche du banquier, l'imprudence du garçon de bureau, et qu'il put passer la main sans danger sur le dos du fidèle animal.

L'INTRODUCTEUR DES VISITEURS

Un caniche avait l'habitude d'accompagner à la porte la servante qui allait ouvrir, puis faisait société au visiteur jusqu'à la chambre de son maître, en silence si la personne était bien vêtue, bruyamment si la toilette était par trop négligée. Le bon animal vécut très vieux, et perdit successivement l'usage de tous ses organes : celui de l'ouïe reçut le premier échec. Ne pouvant plus entendre le bruit de la sonnette, il s'établit au-dessous de l'instrument, et l'œil presque constamment fixé dessus, attentif à la moindre oscillation, il se levait avec prestesse, malgré la diminution de ses forces, et continuait à remplir ses fonctions d'introducteur.

LE DÉCROTTEUR ET SON BARBET

A la porte de l'hôtel du Nivernais, vivait un petit décrotteur avec un gros chien barbet qu'il avait instruit à aller tremper ses pattes velues dans le ruisseau pour les poser ensuite sur les pieds des passants. Lorsqu'on se récriait, le décrotteur présentait sa sellette, et de cette manière s'attirait de la besogne et une recette forcée. Tant que le décrotteur était occupé avec quelqu'un, le chien se tenait tranquille près de lui; mais dès que la sellette était libre, le manège recommençait. Un Anglais, instruit de cette intelligence du barbet, l'acheta au décrotteur et l'emmena à Londres. Quinze louis avaient tenté le pauvre enfant; mais il ne tarda pas à regretter amèrement la perte de son chien. Celui-ci, qui n'était pas intervenu volontairement dans le marché, reparut un beau matin à l'hôtel du Nivernais sans qu'on pût s'imaginer les moyens qu'il avait employés pour revenir près de son maître.

LE FACTEUR IMPROVISÉ

M. de Fontenay avait un chien très intelligent. Un jour qu'il avait un message pressé à faire remettre à un ami qui habitait une maison de campagne assez éloignée, il imagina, à défaut d'un domestique, d'en charger son chien. Il lui attacha une lettre au cou et lui dit : « Porte cela à Fougeray. » L'animal y alla tout droit et rapporta une réponse. Depuis ce jour, il fut employé souvent à ce voyage, et s'acquitta de ses missions à la plus grande satisfaction de son maître.

NOUVEAU JUGEMENT DE SALOMON

Le tribunal de police correctionnelle de la Seine eut un jour à juger une singulière affaire.

Un sieur Girard avait perdu un caniche nommé Pataud. Au bout de plusieurs jours, il le rencontra en compagnie d'un nouveau maître. Il appelle Pataud : celui-ci saute après l'homme qui l'a élevé et lui fait mille caresses; mais le second possesseur du caniche, qui a peut-être plus d'une fois obtenu à coups de corde la soumission de son pensionnaire, siffle à son tour Pataud, qui revient à lui. « Ce chien est à moi ! s'écrie l'un. — Vous en avez menti, répond l'autre, c'est le mien ! » Les témoins de cette scène, malgré leur bonne envie d'intervenir, ne savent néanmoins en faveur de qui se prononcer. Leur indécision n'est pas de longue durée, et Pataud y met bon ordre. Comme ceux qui se disputaient sa possession en étaient venus des gros mots aux grosses taloches, Pataud n'hésite plus alors à se déclarer pour Girard, et les coups de dents qu'il donne aux vêtements de l'autre antagoniste font connaître clairement à la foule assemblée que le caniche n'a pas besoin d'être partagé en deux pour vider le débat, et que le sieur Girard est bien son père nourricier. Les magistrats partagèrent cette opinion.

LE CHIEN D'UN CONDAMNÉ

Solin, historien qui vivait au commencement du Ier siècle, nous a transmis un beau trait d'attachement d'un chien envers son maître Sulpitius. Cet homme, qui possédait une immense fortune, avait été condamné à une peine capitale pour un crime dont on ignore la nature. Abandonné de ses amis, trahi par des parents avides de son bien, il n'avait eu, pendant une longue détention, d'autre société que celle d'un caniche gros et robuste.

Quelquefois, la conduite des bêtes peut faire honte aux hommes. Après les souffrances d'une dure captivité, Sulpitius fut condamné à mort. Dans ce moment terrible où l'on a tant besoin de consolation, il n'en trouva pas d'autres que dans l'animal fidèle qui l'avait suivi dans les fers. De tous ces parasites qui avaient encensé sa fortune dans ses jours prospères, de tous ces protégés qu'il avait revêtus, il ne se présenta personne qui vînt lui tendre une main amicale et qui lui portât une affectueuse parole à son dernier soupir.

On conduisit Sulpitius au lieu du supplice ; comme le chien ne savait pas le sort funeste qui menaçait son maître, il demeura paisible avec lui sur l'échafaud ; mais quand le pauvre animal aperçut tomber sa tête sous le tranchant de la hache, quand il la vit bondir et le sang ruisseler par terre, il ne fut plus le même, il entra en fureur, il sauta sur le bourreau et voulut le dévisager. Loin que l'on fit le moindre mal au chien fidèle qui voulait venger la mort de son maitre, on le laissa à son côté, on l'adoucit, on l'apaisa, et le peuple même voulut qu'on lui donnât à manger.

Qui le croirait, si des auteurs dignes de foi ne le rapportaient avec ce ton de vérité qui caractérise l'histoire ? Le chien, désolé, prit les morceaux qu'on lui donnait, et tournant autour du corps de Sulpitius, il fit tout ce qu'il put afin de les approcher de sa bouche ; puis, par intervalle, il poussait des hurlements sinistres.

Suivant la coutume adoptée chez les Romains, on transporta au Tibre le cadavre du condamné. Lorsqu'on le jeta dans le fleuve, le chien s'y précipita en même temps ; il le suivit tant que ses forces le lui permirent ; on remarqua même que l'animal inconsolable nageait sous le corps de son maître, qu'il s'efforçait de le soulevait à la surface de l'eau, et qu'il tenta, à diverses reprises, de le tirer à bord.

LES CHIENS SONT JALOUX

Capable, ainsi que l'homme, du beau sentiment de l'amitié, le chien est susceptible sur cet article, et les préférences lui deviennent quelquefois tellement à cœur qu'il en meurt de chagrin.

« J'en ai connu un, raconte un écrivain, qui conçut une grande jalousie contre un enfant récemment arrivé de nourrice. Dès l'instant où la maman caressa le petit, le chien refusa de boire et de manger; il s'isola de tout le monde, se retira dans le jardin derrière une serre, où il mourut, malgré tous les soins qu'on lui porta.

» Un chien, de l'espèce des barbets, fâché de ce que sa maîtresse en aimait un autre, s'en consola en s'attachant à moi; il me suivit en Bretagne, où j'allai faire un voyage. Quelques mois après, sa maîtresse l'envoya chercher; il ne voulut point partir. Mais craignant sans doute de passer pour un ingrat, cet animal rusé prétexta une excuse suffisante pour rester; il fit aussitôt le boiteux, de façon qu'il ne fut pas possible de l'emmener. Dès que l'homme chargé de cette commission s'en fut allé, il courut comme à l'ordinaire et fit éclater sa joie. »

UN CONTRE CINQ

Dryden, célèbre comédien anglais, aimait beaucoup à voyager à pied; dans ses moments de loisir, il s'éloignait parfois d'une vingtaine de lieues de la ville de Londres, et il allait visiter les châteaux circonvoisins, où il était reçu avec cette distinction que méritent le talent et l'urbanité des mœurs.

Comme il n'était pas rare alors de rencontrer sur les routes d'Angleterre des gens faisant profession de dévaliser les passants, notre comédien emmenait souvent avec lui un gros lévrier nommé Dragon. Un matin qu'il traversait des bois pour se rendre chez mylord Harley, un mendiant vint lui demander l'aumône; il lui donna aussitôt un schelling (1 fr. 24) ; un second et un troisième qui se présentent successivement reçoivent la même aumône. Enfin, deux autres coquins, ayant une longue barbe blanche, une jambe de bois et contrefaisant les muets, défilent à leur tour clopin-clopant sur des béquilles ; les marauds, riant sous cape, font un signe de détresse en tendant leur chapeau, et deux pièces d'argent y tombent aussitôt.

Dryden, s'imaginant que cette mauvaise engeance pleuvait des arbres ou sortait de terre, regarda autour de lui avec inquiétude. Comme il se retournait, un des muets prétendus lui met un pistolet sur la gorge, et, s'énonçant très distinctement, il lui dit d'un ton effronté : « C'est la bourse tout entière qu'il nous faut, ou bien... » Le geste était expressif, et la bourse lui est livrée sans autre préambule. L'autre muet, à qui la parole revient aussi, demande l'heure qu'il est ; le voyageur entend à demi mot, et il abandonne sa montre sans difficulté.

Dans cette conjoncture délicate, notre comédien éprouve un grand embarras ; il comptait beaucoup sur Dragon ; mais le premier mot lâché engageait la bataille, et rien de si prompt qu'une amorce, rien de si brutal que le vilain plomb qui la suit. La partie, en outre, n'était pas égale : cinq hommes armés jusqu'aux dents contre un seul sans armes ! D'ailleurs ne pouvait-il pas y avoir de la garnison derrière quelque gros chêne ?

Tout bien examiné, Dryden est résolu de laisser jusqu'à son habit plutôt que de se faire tuer. Il se trouva bientôt réduit à cette dure extrémité. Voyant l'heureux succès de leur expédition, les trois autres brigands lui ordonnent de vider ses poches, de mettre casaque à bas et de livrer tout ce qu'il a sur lui.

« Qui veut trop avoir, mal étreint, » dit le proverbe.

Dryden accepte le traité, car la raison du plus fort est toujours la meilleure ; mais il sollicite une exception en faveur d'un souvenir garni en or et orné de peintures qui lui sont chères.

Les voleurs, insatiables, s'écrient tous : « *Goddam!* il nous faut tout ! »

A ces mots, le voyageur, indigné, prend décidément la résolution de mourir afin de conserver des images précieuses qui lui rappellent une épouse accomplie et un jeune fils mort depuis peu de mois. « Coquins ! leur signifie-t-il, vous n'aurez point ce bijou ou vous m'ôterez la vie.... A moi, Dragon ! »

Par une docilité singulière, cet animal était demeuré spectateur tranquille du dépouillement de son maître, tant qu'il n'en avait point reçu d'ordre. A sa voix, c'est un lion ; il fond sur les scélérats. Cinq coups de pistolet partent soudain, les épées sont tirées, et un nœud coulant est passé au cou du lévrier afin de le mettre hors de défense.

Dryden est blessé, mais seulement à la main et sans danger. Voyant les cinq gueux tous autour du seul Dragon qui les dépeçait d'une rude manière, il s'évade et fuit à toutes jambes ; il gagne en cinq minutes le grand chemin, il entre dans une auberge où buvaient quatre bûcherons et conte son aventure ; chacun y prend une part très active. « Ce qui me fait le plus de peine, leur avoue Dryden, c'est un bijou auquel je suis singulièrement attaché et dont ils se sont emparés, et c'est aussi mon pauvre chien !

— Eh bien, reprennent les bûcherons munis de larges cognées, allons à la recherche de ces bandits, nous leur fendrons la tête. »

La petite troupe bien résolue se met en marche. A peine eut-elle fait cinq cents pas que Dragon parut. Il était couvert de blessures et tout sanglant ; un tronçon d'épée lui sortait de l'épaule gauche ; il avait la tête blessée et traînait un reste de corde pendue à son cou. A cet aspect, son maître est transporté de fureur, il ne respire que vengeance. La pauvre bête le caresse et semble lui annoncer, en le suivant, que les brigands sont vaincus et qu'il peut venir reprendre les effets qu'ils lui ont volé.

Arrivé au lieu de l'attaque, quelle fut la surprise de Dryden ! Deux des bandits étendus morts, le troisième tout défiguré et pansant ses plaies. Quant aux deux autres, ils étaient occupés à dépouiller leurs camarades et faisaient les paquets. Pour lors il se fit un miracle : les deux gueux qui avaient une béquille la jettent de côté ainsi que leur jambe postiche, et ils s'enfuient comme des cerfs au milieu des broussailles. Il ne purent aller loin et furent rattrapés par les bûcherons. Le gibet fut la juste récompense de leur crime.

C'est ainsi qu'un chien sut braver, seul, cinq hommes armés ; il en tua deux, en mit trois hors de combat et sauva la vie à son maître. Le courageux Dragon ne survécut pas longtemps à cette glorieuse action ; il mourut un mois après, non des coups de pistolet qu'il avait reçus dans le corps, mais d'une enflure survenue à la gorge, par le serrement de la corde avec laquelle les voleurs avaient voulu l'étrangler.

LA PATTE CASSÉE

Pibrac, chirurgien célèbre, trouve un soir, près de sa porte, un chien qui avait la patte cassée. Il le recueille, lui remet la patte, le soigne et le guérit. Dès que le chien put courir, il quitta son médecin, et celui-ci ne manqua pas d'accuser le malade d'ingratitude.

Six mois après, le chien reparut dans la maison et fit les plus vives caresses à Pibrac ; puis il le tira par son habit à plusieurs reprises pour le conduire dehors. Le chirurgien le suivit et aperçut alors une chienne qui avait aussi la patte cassée et que son ancien client lui avait amenée pour obtenir la même guérison qu'il en avait reçue.

Il y avait chez cet animal souvenir du passé, reconnaissance, appréciation du service qu'on lui avait rendu et de l'accident arrivé à la chienne ; enfin, il existait encore chez lui un sentiment de commisération et d'obligeance.

ENCORE UNE HISTOIRE BIEN TOUCHANTE

Muphty est fidèle jusqu'à la mort.

M. P... avait un chien nommé Muphty, qu'il aimait beaucoup. Un jour qu'il devait recevoir une somme de douze cents livres à la campagne, il monte à cheval, et Muphty ne manque pas de l'accompagner. Cet animal est témoin de tout ; il voit que M. P... compte et recompte de l'argent qu'il renferme dans un sac avec grand soin, et qu'il remonte à cheval d'un air satisfait. Muphty prend part à la joie de son maître; il s'agite, il saute autour de lui pour le féliciter. Vers le milieu du chemin, M. P..., se sentant fatigué, est obligé de mettre pied à terre ; il attache son cheval à un arbre et va pour s'asseoir un peu plus loin, lorsqu'il se rappelle que son argent est resté sur le cheval et que le premier venu pourrait s'en emparer; il va prudemment prendre le sac, le pose à côté de lui, à l'ombre d'une haie où il repose quelque temps ; ensuite il n'y pense plus et se dispose à partir.

Muphty, qui observait tous ses mouvements et qui le suivait pas à pas, s'aperçoit de cette distraction ; il court au sac, essaie de le soulever ou de le traîner avec ses dents ; ce poids étant trop lourd, il retourne à son maître, s'accroche à ses habits pour l'empêcher de monter à cheval : il crie, il mord. M. P... n'y fait aucune attention, repousse son chien et part.

Le chien s'étonne de ce que ses avis ne soient pas mieux écoutés : il se jette au-devant du cheval pour l'empêcher d'avancer, il aboie jusqu'à ce que la voix lui manque ; enfin son zèle l'emporte, il se jette sur le cheval et le mord en cinq ou six endroits.

C'est alors que M. P... commence à craindre que son chien ne soit enragé. Dans certains esprits, les soupçons se changent bientôt en certitude. On traverse un ruisseau ; Muphty, quoique tout haletant, continue de le mordre, et dans l'excès de son zèle, il ne songe pas à se désaltérer.

« Ah ! mon malheur est donc certain, s'écrie M. P..., mon chien est enragé ! S'il allait se jeter sur quelqu'un !... Il faut le tuer.... Un chien qui m'était si fidèle !... Mais si j'attends, il pourrait bien me mordre moi-même. Allons, c'est un devoir.... »

Il prend un pistolet, vise et lâche le coup en détournant les yeux : le chien tombe, se débat, se tourne vers son maître, et semble lui reprocher son ingratitude.

M. P... s'éloigne en frémissant ; il se retourne, et Muphty agite sa queue en le regardant, comme pour lui dire le dernier adieu. M. P..., au désespoir, est tenté de descendre pour chercher quelque remède au coup qu'il a porté ; un reste de frayeur l'arrête : il continue tristement sa route, livré à des regrets, à des remords, et poursuivi de l'image de Muphty mourant ; il ne sait comment expier ce trait de barbarie, il donnerait tout pour qu'il fût possible de le réparer, et il maudit mille fois son voyage. Tout à coup cette idée lui rappelle celle de son sac ; il voit qu'il ne l'a plus ; il se souvient de l'endroit où il l'a laissé, c'est pour lui un coup de lumière : voilà l'explication des cris et de la colère du malheureux Muphty. Il retourne à toute bride chercher son argent, en déplorant son injustice ; une trace de sang qu'il aperçoit le long du chemin le fait frissonner et met le comble à sa douleur ; il arrive au pied du buisson : qu'y trouve-t-il ? Muphty expirant, qui s'était traîné jusque là pour veiller du moins sur le bien de son malheureux maître et pour le servir jusqu'au dernier instant.

LE LION ET L'ÉPAGNEUL

ou les deux amis inséparables.

Pour voir à la tour de Londres des bêtes féroces, il fallait donner de l'argent à leur maître, ou apporter un chien ou un chat qui pût leur servir de nourriture. Quelqu'un prit dans une rue un épagneul noir qui était très joli. Étant venu voir un énorme lion, il jeta dans sa cage le petit chien. Aussitôt la frayeur s'empare de ce petit animal; il tremble de tous ses membres, se couche humblement, rampe, prend l'attitude la plus capable de fléchir le courroux naturel au lion et d'émouvoir ses dures entrailles. Cette bête féroce le tourne, le retourne et le flaire sans lui faire le moindre mal. Le maître jette au lion un morceau de viande; il refuse de le manger, en regardant fixement le chien, comme s'il voulait l'inviter à le goûter avant lui. L'épagneul revient de sa frayeur; il s'approche de cette viande, en mange, et à l'instant le lion s'avança pour la partager avec lui. Ce fut alors qu'on vit naître entre eux une étroite amitié. Le lion, comme transformé en un animal doux et caressant, donnait à l'épagneul des marques de la plus vive tendresse, et l'épagneul, à son tour, témoignait au lion la plus extrême confiance. La personne qui avait perdu ce petit chien vint quelque temps après pour le réclamer. Le maître du lion la presse vivement de ne pas rompre la chaîne de l'amitié qui unit si étroitement ces deux animaux ; elle résiste à ses sollicitations. « Puisque cela est ainsi, répliqua le maître du lion, prenez vous-même votre chien ; car si je m'en chargeais, cette commission deviendrait pour moi trop dangereuse. »

Le propriétaire de l'épagneul comprit bien qu'il fallait en faire le sacrifice.

Au bout d'une année. le chien tomba malade et mourut. Le lion s'imagina pendant quelque temps qu'il dormait; il voulut l'éveiller, et l'ayant inutilement remué avec ses pattes, il s'aperçut alors que l'épagneul était mort. Sa crinière se hérisse, ses yeux étincellent, sa tête se redresse, sa douleur éclate avec fureur; transporté de rage, tantôt il s'élance d'un bout de sa cage à l'autre, tantôt il en mord les barreaux pour les briser; quelquefois il considère d'un œil consterné le corps mort de son tendre ami, et pousse des rugissements épouvantables; il était si terrible, qu'il faisait sauter par ses coups de larges morceaux de plancher. On voulut écarter de lui l'objet de sa profonde douleur; mais ce fut inutilement, et il garda le petit chien avec grand soin; il ne mangeait pas même ce qu'on lui donnait pour calmer ses transports furieux. Le maître alors jeta des chiens vivants dans sa cage : il les mit en pièces; enfin, il se coucha et mit sur son sein le corps de son ami, seul et unique compagnon qu'il eût sur la terre. Il resta dans cette situation pendant cinq jours, sans vouloir prendre de nourriture; rien ne put modérer l'excès de sa tristesse : il languit et tomba dans une si grande faiblesse, qu'il en mourut; on le trouva la tête affectueusement penchée sur le corps de l'épagneul. Le maître pleura la mort de ces deux inséparables amis, et les fit mettre dans une même fosse.

L'histoire nous présente-t-elle un exemple d'amitié plus parfait? Quel modèle à proposer! Il est la honte de ces hommes dont le seul intérêt forme et rompt les liens qui les unissent.

LE CHIEN D'AUBRY DE MONT-DIDIER

Sous le règne de Charles V, roi de France, un nommé Aubry de Mont-Didier, passant seul dans la forêt de Bondy, fut assassiné et enterré au pied d'un arbre. Son chien resta plusieurs jours sur sa fosse, et ne la quitta que pressé par la faim. Il vient à Paris chez un ami intime de son malheureux maître, et, par ses tristes hurlements, semble lui annoncer la perte qu'il a faite. Après avoir mangé, il recommence ses cris, va à la porte, revient à cet ami de son maître, le tire par l'habit, comme pour lui marquer de venir avec lui. La singularité des mouvements de ce chien, sa venue sans son maître qu'il ne quittait jamais, ce maître qui tout d'un coup a disparu, et peut-être cette distribution de justice et d'événements qui ne permet guère que les crimes restent longtemps cachés, tout cela fit qu'on suivit le chien. Dès qu'on fut au pied de l'arbre, il redoubla ses cris en grattant la terre, comme pour faire signe de chercher en cet endroit. On y fouilla, et on y trouva le corps de cet infortuné Aubry. Quelque temps après, ce chien aperçut par hasard l'assassin, que les historiens nomment le chevalier Macaire (1); il lui saute à la gorge, et on a bien de la peine à lui faire lâcher prise. Chaque fois qu'il le rencontre, il l'attaque et le poursuit avec fureur. L'acharnement de ce chien, qui n'en veut qu'à cet homme, commence à paraître extraordinaire. On se rappelle l'affection qu'il avait marquée pour son maître, et en même temps plusieurs occasions où ce chevalier Macaire avait donné des preuves de sa haine et de son envie contre Aubry de Mont-Didier; quelques circonstances augmentèrent les soupçons. Le roi, instruit de tous les discours qu'on tenait, fait venir ce

(1) Aubry avait eu une querelle très vive en jouant à la paume avec Macaire.

chien, qui paraît tranquille jusqu'au moment qu'apercevant Macaire au milieu d'une vingtaine de courtisans, il aboie et cherche à se jeter sur lui.

Le chien s'élance, le saisit à la gorge, et l'oblige à faire l'aveu de son crime.

Dans ce temps-là, on ordonnait un duel entre l'accusateur et l'accusé lorsque les preuves du crime n'étaient pas convaincantes; on nommait ces sortes de combats *jugement de Dieu*, parce qu'on était persuadé que le Ciel aurait plutôt fait un miracle que de laisser succomber l'innocence. Le roi, frappé de tous les indices qui se réunissaient contre Macaire, jugea qu'il échéait gage de bataille; c'est-à-dire, qu'il ordonna le duel entre le chevalier et le chien. Le champ clos fut marqué dans l'île Notre-Dame, qui n'était alors qu'un terrain vide et inhabité.

Macaire était armé d'un gros bâton; le chien avait un tonneau percé pour sa retraite et les relancements. On le lâche : aussitôt il court, évite ses coups, le menace tantôt d'un côté, tantôt d'un autre, le fatigue, et enfin s'élance, le saisit à la gorge, et l'oblige à faire l'aveu de son crime en présence du roi et de toute la cour.

La mémoire de ce chien méritait d'être conservée. On a vu longtemps figurer sur la cheminée de la grande salle du château de Montargis un monument de pierre représentant un homme terrassé par un chien et obligé de confesser son crime. Ce monument devint célèbre, et l'on ne désigna plus le chien que sous le nom de chien de Montargis. On dit que, charmé du courage et de la fidélité de ce chien, Charles V fit ériger en sa mémoire un petit monument sur le grand chemin de la forêt de Bondy; on y lisait un distique latin, que l'on a traduit ainsi :

Mortels aveugles qui violez les lois les plus saintes, que la brute elle-même vous apprenne à être reconnaissants. Redoutez jusqu'à votre ombre, quand vous voulez faire le mal.

LA LEVRETTE DU PRISONNIER

Un officier nommé Saint-Léger, renfermé à Vincennes durant les guerres de religion, voulut garder avec lui une levrette qu'il avait élevée et qu'il aimait beaucoup. Mais par une dureté assez ordinaire dans les prisons, on lui refusa ce plaisir innocent, et l'on ramena la levrette à son logis, rue des Lions-Saint-Paul.

Le lendemain, la levrette retourna seule à Vincennes et se mit à aboyer sous les fenêtres du donjon où l'officier était renfermé. Saint-Léger s'avance et regarde à travers les barreaux ; il reconnaît sa chienne et éprouve la plus vive satisfaction. La levrette se met à faire mille sauts et mille bonds en l'air pour témoigner la joie qu'elle ressent de son côté. Le maître jette à cette bête caressante une partie de son pain ; la chienne le mange avec grand appétit et Saint-Léger en fait de même dans sa prison ; malgré le mur qui les sépare, ils déjeunent tous deux en même temps comme deux bons amis.

Cette visite d'amitié ne fut point la dernière. Bientôt abandonné de ses amis et de ses parents même, parce qu'ils le croyaient perdu, l'infortuné prisonnier n'en eut point d'autres durant quatre années de détention. Quelque temps qu'il fît, malgré la pluie, le froid et les neiges, l'animal fidèle ne manqua pas un seul jour de venir voir son maître tant que dura sa captivité.

Mais voici un autre trait qui surpasse peut-être le premier et qu'on serait enchanté de rencontrer dans une créature raisonnable. Saint-Léger étant mort cinq ou six mois après son élargissement, sa levrette fidèle ne voulut point rester à la maison après une perte si grande ; le surlendemain des funérailles, elle retourna au château de Vincennes, et voici pourquoi :

Un guichetier des avant-cours avait toujours fort bien accueilli cette petite chienne, aussi bonne que belle et caressante. A l'encontre des gens de son état, cet homme avait été touché de son attachement et de sa gentillesse ; il lui avait facilité les moyens d'approcher au pied du donjon pour voir son maître et de pouvoir s'en aller ensuite en toute sûreté.

Reconnaissante d'un tel service, la levrette demeura, le reste de sa vie, auprès du geôlier bienfaiteur. Ce qu'il y a de remarquable, c'est qu'en témoignant sa gratitude à ce second maître, on put néanmoins juger que son cœur était toujours pour le premier, ressemblant en quelque sorte à ces personnes d'une âme tendre et expansive qui, longtemps encore après avoir perdu un époux, un frère, un père ou un ami, viennent souvent de très loin afin de revoir les lieux chéris qu'ils habitaient et se procurent ainsi une sorte de consolation. Ce doux et sensible animal se transportait fréquemment tout près de la tour qui avait renfermé Saint-Léger; il la fixait avec un air de tristesse, il contemplait durant des heures entières la sombre fenêtre où ce cher maître lui avait souri tant de fois, où ils avaient si délicieusement déjeuné tous deux avec tant de cordialité et de bonheur!

LE CHIEN DE GARDE ET LE GRIFFON

ou dignité et impudence (1).

Un fermier normand avait réuni un gros chien de garde et un petit griffon qui vivaient dans la même niche. Le gros chien, appuyé sur ses pattes puissantes comme un lion, regardait passer hommes, enfants et troupeaux dans le calme de la force; le petit griffon, au contraire, avançait sa tête rogue au moindre bruit de pas, grognait dès qu'il apercevait une ombre, et aboyait au premier venu.

(1) *Le Magasin pittoresque* a reproduit un tableau de Landseer portant ce titre; il est accompagné du charmant commentaire que nous donnons ici.

Un jour, le cheval de limon, qui rentrait très fatigué, se retourna à ses cris avec impatience.

— Pourquoi donc, dit-il, le chien vigoureux qui nous garde tous se tient-il là si digne et si tranquille, tandis que cet impudent ne cesse de nous étourdir ?

— Ne vous en étonnez pas, répondit un bœuf qui ruminait à quelques pas de la niche : les capacités véritables se recommandent assez par leurs services sans avoir besoin d'être bruyantes ; mais les sots inutiles font du scandale, parce qu'ils ne peuvent faire autre chose.

Que d'hommes qui, dans la vie, jouent le rôle du griffon ! On crie parce qu'on n'a pas la voix assez forte, on insulte parce qu'on se sent méprisé, on montre les dents parce qu'on a peur d'être battu ? L'impudence est la misère des faibles comme le dédain est celle des forts. Regardez bien, et au fond de toutes ces insolences sans pudeur, vous trouverez la révolte d'une vanité impuissante. Donnez à tous la taille de Goliath, et les petits hommes ne se lèveront plus sur la pointe du pied.

Nous savons bien qu'il est un autre moyen plus sûr, c'est la résignation modeste qui accepte la part faite par Dieu, se contente de la place donnée et s'y arrange sans bruit. Mais tous n'ont point reçu ici-bas ce don d'abnégation et de patience ; pour l'obtenir, il faut détacher ses regards des choses de la terre et chercher plus haut un but qui ne dépend point du jugement des hommes. Pour qui regarde la société comme une maison de commerce dont les intérêts doivent être soldés en pouvoir, en argent ou en plaisirs, la vie ne peut être qu'une école d'égoïsme, d'exigence et d'orgueil ; mais celui qui sait y voir une épreuve dans laquelle se révèle la véritable valeur de notre âme, celui-là se soumettra sans murmure au rôle qu'il a reçu, car il comprendra que la grande loi du monde est le dévouement.

LE CHIEN DE BRISQUET

ou Biscotin et Biscotine sauvés par la Bichonne.

En notre forêt de Lions, vers le hameau de la Goupillière, tout près d'un grand puits-fontaine qui appartient à la chapelle de Saint-Mathurin, il y avait un bonhomme, bûcheron de son état, qui s'appelait Brisquet, ou autrement le Fendeur à la bonne hache, et qui vivait pauvrement du produit de ses fagots, avec sa femme, qui s'appelait Brisquette. Le bon Dieu leur avait donné deux jolis petits enfants, un garçon de sept ans, qui était brun et qui s'appelait Biscotin, et une blondine de six ans, qui s'appelait Biscotine. Outre cela, ils avaient un chien à poil frisé, noir par tout le corps, si ce n'est au museau qu'il avait couleur de feu, et c'était bien le meilleur chien du pays pour son attachement à ses maîtres.

On l'appelait la Bichonne.

Vous souvenez-vous du temps où il vint tant de loups dans la forêt de Lions? C'était dans l'année des grandes neiges, que les pauvres gens eurent grand'peine à vivre. Ce fut une terrible désolation dans le pays.

Brisquet, qui allait toujours à sa besogne et qui ne craignait pas les loups à cause de sa bonne hache, dit un matin à Brisquette : « Femme, je vous prie de ne laisser courir ni Biscotin, ni Biscotine, tant que M. le grand louvetier ne sera pas venu; il y aurait du danger pour eux. Ils ont assez de quoi marcher entre la butte et l'étang, depuis que j'ai planté des piquets le long de l'étang pour les préserver d'accident. Je vous prie aussi, Brisquette, de ne pas laisser sortir la Bichonne, qui ne demande qu'à trotter. »

Brisquet disait tous les matins la même chose à Brisquette. Un soir, il n'arriva pas à l'heure ordinaire. Brisquette venait sur le pas de la porte, rentrait, ressortait, et disait, en se croisant les mains : « Mon Dieu, qu'il est attardé !... » Et puis elle sortait encore en criant : « Brisquet ! »

Et la Bichonne lui sautait jusqu'aux épaules, comme pour lui dire : N'irai-je pas?

« Paix ! lui dit Brisquette.... Ecoute, Biscotine, va jusque devant la butte pour savoir si ton père ne revient pas.... Et toi, Biscotin, suis le chemin au long de l'étang, en prenant bien garde s'il n'y a pas de piquets qui manquent, et crie fort : Brisquet ! Brisquet !...

» Paix ! la Bichonne ! »

Les enfants allèrent, allèrent, et quand ils se furent rejoints à l'endroit où le sentier de l'étang vient couper celui de la butte :

« *Mordienne!* dit Biscotin, je retrouverai notre pauvre père, où les loups m'y mangeront.

— *Pardienne!* dit Biscotine, ils m'y mangeront bien aussi. »

Pendant ce temps-là, Brisquet était revenu par le grand chemin de Puchay, en passant à la Croix-aux-Anes sur l'abbaye de Mortemer, parce qu'il avait une hottée de cotrets à fournir chez Jean Pasquier.

« As-tu vu nos enfants? lui dit Brisquette.

— Nos enfants? dit Brisquet ; nos enfants? Mon Dieu ! sont-ils sortis?

— Je les ai envoyés à ta rencontre jusqu'à la butte et à l'étang ; mais tu as pris par un autre chemin. »

Brisquet ne posa pas sa bonne hache ; il se mit à courir du côté de la butte.

« Si tu menais la Bichonne? » lui cria Brisquette.

La Bichonne était déjà bien loin ; elle était si loin que Brisquet la perdit bientôt de vue, et il avait beau crier : « Biscotin, Biscotine ! » on ne lui répondait pas.

Alors il se prit à pleurer, parce qu'il s'imagina que ses enfants étaient perdus.

Après avoir couru longtemps, longtemps, il lui sembla reconnaître la voix de la Bichonne. Il marcha droit dans le fourré, à l'endroit où il l'avait entendue, et il y entra sa bonne hache levée.

La Bichonne était arrivée là au moment où Biscotin et Biscotine allaient être dévorés par un gros loup; elle s'était jetée devant en aboyant, pour que ses abois avertissent Brisquet. Brisquet, d'un coup de sa bonne hache, renversa le loup roide mort; mais il était trop tard pour la Bichonne : elle ne vivait déjà plus.

Brisquet, Biscotin et Biscotine rejoignirent Brisquette. C'était une grande joie, et cependant tout le monde pleura. Il n'y avait pas un regard qui ne cherchât la Bichonne.

Brisquet enterra la Bichonne au fond de son petit courtil, sous une grosse pierre, sur laquelle le maître d'école écrivit :

C'est ici qu'est la Bichonne,
Le pauvre chien de Brisquet.

Et c'est depuis ce temps-là qu'on dit en commun proverbe : *Malheureux comme le chien à Brisquet, qui n'allit qu'une fois au bois, et que le loup mangit.*

CHARLES NODIER.

LE CHIEN DU BORD

L'embarquement d'un chien à bord d'un navire de guerre est un de ces nombreux points de détail qui dépendent uniquement de la volonté du capitaine. L'officier chasseur est donc obligé de solliciter la permission d'emmener son chien avec lui. Pour obtenir une semblable faveur, que jamais un simple matelot n'a songé à demander, qu'il faut souvent de ruses, d'intrigues et de finesse! Que d'engagements tacites sont acceptés! Que de touchants arguments sont développés, et parfois en pure perte. Nous connaissons tels Fabricius du gaillard d'arrière, qui ne voudraient pas d'un grade ou d'une croix au prix des courbettes que leur coûtent Tom, *Pilot* ou Guzman. D'autres officiers, plus fiers encore ou plus timides, n'essayent pas même de désarmer l'autorité, et renoncent tout d'abord à l'espérance de faire campagne avec leurs compagnons favoris.

La plupart des commandants ont une opinion arrêtée sur un cas qui se reproduit fréquemment; un refus inébranlable est leur réponse, et nous n'osons les blâmer. « Pas de chiens à bord! c'est mon principe; une première concession m'entraînerait à une seconde, nous serions bientôt encombrés d'une meute complète. Les chiens, d'ailleurs, donnent lieu à des querelles dont je ne me soucie pas d'être l'arbitre; enfin, Messieurs, ma frégate n'est pas et ne deviendra pas un chenil! » Après une déclaration pareille, l'ordre d'embarquement d'un escadron entier serait moins difficile à obtenir que celui du moindre roquet. Si l'on cite des capitaines plus tolérants, ils sont en minorité, et la règle n'en est pas moins le bannissement absolu des chiens *de plaisance*. Toutefois, il est bien peu de navires sur lesquels aucun chien n'a droit de cité; — la proscription qui poursuit sa race n'atteint pas le *chien du bord*, une exception, le protégé; — mais aussi il a ses charges et ses fonctions qui lui valent cette immunité, il connaît ses devoirs et se soumet à la discipline maritime avec l'abnégation d'un vrai matelot.

Le chien du bord a-t-il un maître? A-t-on primitivement arraché son privilège à force de supplique? ou n'est-ce qu'un aventurier sans aveu, clandestinement introduit dans le vaisseau la veille d'un départ? A-t-il été oublié par un passager négligent?

ou bien est-il né en mer, et ne doit-il qu'à la pitié d'un gabier inconnu d'avoir survécu à la destruction de ses frères? Toutes ces hypothèses sont également admissibles. Souvent il est *l'ancien du bord;* dans ce cas, la prescription le défend contre l'ostracisme, ses droits sont acquis, et la consigne ne peut avoir d'effets rétroactifs envers lui.

Dans cette circonstance, le chien est proclamé *chien du bord,* et désormais il a ses franchises comme tel. Son cours d'études commence, chaque matelot a un tour à lui apprendre, et il est bientôt capable de rivaliser avec tous les chiens savants des foires et des casernes. Mais son instinct se révèle surtout par sa connaissance des hôtes du bord; on croirait qu'il a deviné la hiérarchie; il fait le *beau* pour le commandant, il caresse le second et fuit le capitaine d'armes; il est réservé envers les officiers, et plus familier avec les élèves. Il n'ignore aucun des coins et recoins du navire, ne se hasarde dans la grande chambre qu'avec précaution, et n'entre jamais chez le capitaine. Il monte et descend les échelles, par tous les temps, en mer comme en rade; le chien du bord a la *patte marine.* Il connaît l'heure du départ des canots et le coup de sifflet qui les fait armer, et, s'il a envie d'aller à terre, il sait à qui s'adresser pour en obtenir l'autorisation.

Enfin le chien du bord est dressé à sauver tout ce qui tombe à la mer, et souvent des matelots doivent la vie à son secours. Quand il a fait ses dernières preuves, il devient vénérable. Chéri et choyé de tous, il marche la tête haute, aucun caprice souverain ne peut l'atteindre désormais. Quelquefois, alors, on le débaptise solennellement pour lui décerner, comme récompense, le nom trois fois sacré de Jean-Bart; un pareil titre est sa médaille d'honneur, que les anciens de la mèche ne lui décernent pas légèrement. Auparavant, il pouvait s'appeler comme le prochain de la rue : *Oscar, Médor* ou *Mouton;* il avait plus généralement un nom pittoresque pris dans sa nature même, tel que *Jambe-d'argent, Écourté, Misère* et *Mort-aux-chats,* ou emprunté au métier, ainsi que *Foc*, *Loffe*, *Pic* et *Misaine*.

A bord des bâtiments de commerce, il y a toujours un chien, c'est le gardien de la coque; la nuit, lorsqu'on est à l'ancre, il fait l'office de factionnaire, et l'on dort sans crainte s'il est sur le pont.

Les navigateurs de la Baltique et des mers du Nord poussent plus loin encore la confiance dans leurs chiens; quand la mer devient furieuse et qu'il faut mettre à la cape, la barre du gouvernail est amarrée à poste fixe, tous les hommes descendent à l'abri, et le chien reste seul pour veiller au salut commun; on l'a transformé en officier de quart; il comprend sa mission, et ses aboiements préviennent à temps toute rencontre dangereuse. Il signale la présence d'un autre bâtiment, abandonné souvent, comme le sien, à la garde de son pareil. Si le vent augmente ou diminue, si quelque cordage vient à casser, on peut être sûr que ses cris en préviendront.

Beaucoup de pêcheurs ont des chiens habiles à les aider dans leurs travaux; — qui savent porter une amarre à terre, tirer sur un filet, s'atteler à une corde et remorquer des fardeaux pesants.

Sur ces derniers bâtiments, le chien de bord n'est jamais traité en objet de luxe, aucun règlement ne le repousse, il est devenu franchement le compagnon des marins; c'est un travailleur infatigable sur lequel on compte fermement, et qui mériterait une mention honorable à la fin du rôle d'équipage.

Mais sur les navires de guerre, sa vigilance instinctive est presque inutile; il est forcé de la reporter à l'intérieur du bâtiment, et se fait quelquefois un ennemi du contre-maître de cale, dont il étrangle les chats. Les matelots lui pardonnent un attentat qui serait sacrilège de la part de tout autre; car un préjugé aussi vieux que l'Océan rend les chats de bord inviolables comme dans l'ancienne Egypte.

Après le désarmement, lorsque le bâtiment redevient désert et silencieux — amarré qu'il est au fond d'un port, — si le chien du bord avait par hasard un maître titulaire, il le suit; — mais, le plus souvent, quelques marins congédiés l'adoptent, l'emmènent avec eux, et sous leurs auspices, il recommence ses navigations, soit sur un bâtiment de commerce, soit sur un simple bateau de pêche; — ainsi, comme les matelots eux-mêmes, il est susceptible des trois genres d'embarquement.

Le chien du bord doit mourir sur la mer, où il est né; il est soigné à ses derniers moments par ses camarades de misère, ses vrais amis de gaillard d'avant, dont il fit si longtemps les délices et dont il a été la plus douce distraction. Sa disparition laisse un vide dans l'équipage, et plus d'un vieux gabier se surprendra à le regretter sérieusement dans une de ces heures de spleen, où *l'on n'a goût à rien de rien, pas même à fumer la bouffarde.*

NOTA. Les matelots donnent irrévérencieusement le nom de *Chien de bord* au commandant en second que ses fonctions obligent à résider à bord du bâtiment, dont la garde lui est confiée, tandis que le reste de l'équipage va à terre.

LE CHIEN DU CONSCRIT

Un brave paysan, un robuste jeune homme,
Maniant bien la bêche et frais comme une pomme,
Un vrai travailleur, un chrétien,
Elevait depuis peu, dans sa pauvre chaumière,
Un caniche tout blanc, à soyeuse crinière;
Et le jeune homme aimait son chien.

Mais voilà qu'au hameau le tambour de la guerre
Fait de longs roulements; — sa baguette est légère
Et bondit bien sur le tambour. —
Le conscrit et le chien vont quitter le village

Et le hameau, doux nid caché dans le feuillage;
Ils franchiront ville et faubourg.

Mais avant de partir, Pierre embrassa sa mère;
Il refoule dans l'œil plus d'une larme amère,
Du revers de sa large main.
Puisqu'il est convié pour défendre un royaume,
Il part.... Il se retourne afin de voir son chaume
Et puis il poursuit son chemin.

Et c'est ainsi que Jean et son pauvre caniche
Partirent bons amis pour combattre l'Autriche,
N'allant jamais à reculons;
Et pendant que le maître, impétueux et grave,
Battait les ennemis comme le fait un brave,
Son chien les mordait aux talons!...

Ils montraient tous les deux une valeur égale;
Mais un jour, ô douleur! Jean, frappé d'une balle,
Tomba sans prononcer un mot.
La balle dans sa chair fit une déchirure,
Et le chien du conscrit vint lécher la blessure
D'où le sang débordait à flot.

Il revient à la vie et ressaisit ses armes :
Cet homme était de fer et n'avait point de larmes.
Son chien secoua sa toison.
Il aboya plus fort; sa prunelle enflammée
Semblait dire aux soldats : Je suis chef de l'armée;
La victoire est à l'horizon!

Jean fut encor blessé, mais en pleine poitrine;
Un dernier souffle fit frissonner sa narine.
Médor, plus doux, plus caressant,
En pleurant de douleur vint lécher la blessure;
La balle avait frappé d'une manière sûre....
Médor fut inondé de sang.

La nuit, sur le combat, tendait ses plis funèbres,
Et Médor, rouge et blanc, hurlait dans les ténèbres.
Dieu! que de larmes dans sa voix!
Le chien demeura là jusqu'à l'aube naissante.
Quand il flaira la mort sur la main caressante
De son maître... il fuit dans les bois.

Il fuit dans le sentier, il fuit sur la grand'route;
Il s'arrête un instant... et son oreille écoute

Si son maître l'appelle encor....
Mais il écoute en vain; il se retourne et pleure....
Puis il court.... Où va-t-il?... Regagner la demeure
D'où l'on partit.... Pauvre Médor!

Pour revenir au seuil plein de pervenches bleues,
Hélas! il te faudra mesurer bien des lieues
Et nager à travers les eaux,
Franchir les monts ardus et les plaines sauvages;
Et parmi le fumier des bourgs et des villages,
Pour te nourrir, chercher des os!...

Chemine, pauvre chien, marche, bondis et vole;
De la fidélité n'es-tu pas le symbole?
Regagne la maison de bois.
Sans doute qu'accoudée au bord de sa fenêtre
En regardant le ciel, la mère de ton maître
Las! pleure au travers de ses doigts.

Quand il eut parcouru chaque lieue, une à une,
Médor était bien las; il faisait clair de lune,
On voyait le ciel s'étoiler.
Il reconnut le chaume où Dieu l'avait fait naître....
Il s'assit tristement, et devant la fenêtre,
En pleurant, se mit à hurler.

Et la porte s'ouvrit, — une porte de chêne,
Où soufflent tous les vents quand l'hiver se déchaîne, —
Avec son vieux loquet de bois.
Une femme apparut sur le seuil de la porte.
En voyant le chien seul, tremblante, demi morte,
La mère demeura sans voix.

Reprenant sa parole aux notes défaillantes :
« Il est tombé parmi les phalanges vaillantes,
Mon pauvre Jean? Réponds, Médor?
Mon brave laboureur est bien mort sous les armes?... »
Le chien baissa la tête et redoubla ses larmes....
Tous les deux ils pleurent encor!...

BARRILLOT.

LE CHIEN DU UHLAN

Episode de la guerre de 1870.

La presse s'est fort égayée sur le tendre penchant que nos conquérants manifestaient pour nos pendules. Peut-être y a-t-il quelque injustice à spécialiser ainsi des prédilections qui étaient bien plus générales et se sont véritablement étendues à tout ce qui valait la peine d'être emporté.

Où les appétits allemands se sont nettement élevés au-dessus de la vulgarité, où, en revanche, ils ont légèrement manqué du discernement subtil qui les distinguait sous d'autres rapports, c'est en ce qui concerne notre race canine. Dans les villages que traversaient leurs colonnes, on trouvait encore, par-ci par-là, après le passage de celles-ci, un coucou pour apprendre l'heure ; vous y auriez vainement cherché un caniche. Je n'exagérerai point en affirmant que les quatre ou cinq cent mille hommes que nous avons vus défiler pendant ces tristes mois traînaient en remorque une trentaine de mille chiens de toutes les paroisses, et que les neuf dixièmes de ces chiens étaient français.

Je ne pense pas qu'il y eût dans toute l'armée envahissante un corps plus affligé de cette *caninomanie* que ne l'était un régiment de uhlans qui séjourna trois jours dans mon village vers le milieu de décembre. En marche, celui-là avait l'air de convoyer une meute. Un simple capitaine n'avait pas collectionné moins de sept chiens d'arrêt, et je gagerais que la fin de la campagne aura permis à cet amateur de ne pas rester sur ce chiffre boiteux.

La Providence me traita avec une prédilection particulière : dans toute la bande, il n'y avait probablement qu'un seul chien qui n'eût pas été volé, et elle me donna celui-là en partage. J'eus à le loger avec quatre sous-officiers, quatorze soldats et dix-huit chevaux.

Son signalement était un certificat de la légalité de sa provenance. C'était un de ces braques gigantesques et décousus, à la tête massive, au fouet énorme, au poil blanc tiqueté de marron comme il n'en fleurit que de l'autre côté du Rhin. Sa situation exceptionnellement honorable lui concilia mes sympathies, dont le trop-plein eût bien pu aller au sous-officier auquel il appartenait. Malheureusement, il savait tout juste autant de français que je savais d'allemand, et la pantomime jouait un si grand rôle dans nos causeries, qu'elle nous donnait des courbatures. Un peu plus fort sur le langage de la racine canine, je me dédommageais avec le braque. Nous jasions comme deux pies borgnes, et cela avec tant d'épanchements réciproques qu'il n'a pas tenu à lui, j'en suis sûr, que le capitaine de son maître ne m'ait réquisitionné comme le huitième échantillon de nos espèces.

Je vous ai dit que le braque était un chien. Son nom vous semblera donc aussi bizarre qu'il me le parut à moi-même, car il est ordinairement chez nous réservé au beau sexe de sa race : son maître l'appelait Diane. J'avais vainement essayé de faire comprendre à celui-ci le contre-sens de ce baptême ; il me répondait invariablement :

« Ya ! Tiane, la téesse de la chasse ; lui le tieu. »

Et, contemplant son animal avec une émotion véritable, les yeux brillants, la parole vibrante, il ajoutait :

« Oh ! suplime, suplime, mon Tiane ! »

Trois semaines après le départ des uhlans, mon devoir me conduisait sur un champ de bataille encore tiède. J'avais parcouru les deux tiers du théâtre de cette lutte de deux jours, lorsque le hurlement d'un chien attira mon attention. Je franchis un mamelon qui me cachait un tertre de terre fraîchement remuée, et sur cette éminence significative j'aperçus un animal dans lequel, quoique prodigieusement amaigri et efflanqué, je reconnus tout de suite le camarade du sous-officier de uhlans, Tiane le supline et mon ami.

Sa présence en ce lieu funèbre était un récit : il avait creusé avec ses ongles pour se rapprocher du maître qui gisait là avec ses compagnons, et, couché dans sa fosse la tête élevée, il jetait à l'air ses notes les plus lugubres.

La vieille légende du chien du soldat a quelque chose de si touchant, qu'elle vous empoigne même quand le regretté est un ennemi. J'allai droit à Diane, qui me prouva en agitant sa queue écourtée qu'il m'avait reconnu ; je le caressai, j'attachai une corde à son collier, et après quelque résistance, je parvins à l'entraîner. Lui ayant donné l'hospitalité avec un appoint de dix-huit chevaux et de dix-huit hommes, je pouvais bien la lui offrir maintenant qu'il était seul. Deux heures après, nous roulions sur la route de Chartres, Diane, mon domestique et moi.

Malheureusement, la voiture n'avait pas été construite pour des chiens du calibre d'un veau de trois mois; au bout d'une demi-heure, les crampes nous rendaient la présence du troisième voyageur intolérable. Je voulus voir s'il nous suivrait; effectivement, Diane, qui n'avait pas l'habitude de cheminer en portemanteau derrière son maître, Diane, qui avait probablement réfléchi qu'il n'est point de regrets éternels ni d'ami qui ne se remplace, se casa de lui-même sous l'américaine et commença de trotter comme s'il n'avait fait que cela toute sa vie. Sa bonne volonté m'avait inspiré tant de confiance, que je fus dix minutes à m'apercevoir qu'il avait disparu. Je n'avais pas de temps à perdre, et, si contrarié que je fusse de n'avoir pu arracher la pauvre bête à la misérable destinée qui l'attendait, je poursuivis ma route. Au bout de quelque temps, un cri du domestique m'arrachait à ma rêverie :

« Le chien, Monsieur, regardez-donc le chien! »

Diane était, en effet, revenu à son poste, mais avec des bagages : il tenait dans sa gueule une oie du plus gros format. Cette oie, il était évident qu'il l'avait capturée dans une ferme devant laquelle nous venions de passer. Je lui enlevai son butin. Au premier village que nous rencontrâmes, je descendis, afin de renvoyer la victime à son propriétaire. Pendant que j'expliquais ce qui s'était passé à mon commissionnaire, je sentis quelque chose qui se frottait à mes jambes ; je me retournai, c'était Diane, nanti cette fois d'une paire de bottes presque neuves et me regardant d'un air qui exprimait un vif désir de me voir sensible à cette attention.

Je comprenais maintenant la qualification de sublime que le sous-officier des uhlans accolait au nom de son chien. Diane pouvait être un chasseur médiocre, mais c'était à coup sûr un maraudeur de premier ordre. Comme ce n'était pas précisément pour cet emploi que je l'avais engagé, je l'attachai sous la voiture, et nous arrivâmes sans encombre à une auberge isolée où nous devions passer la nuit. Le cheval fut mis dans une écurie, où se trouvait déjà une vache, et Diane attaché entre ces deux animaux ; moi, je gagnai ma chambre, où, comme j'étais très fatigué, je ne tardai pas à m'endormir.

Dans la nuit, je fus réveillé par un bruit étrange au milieu duquel il me sembla distinguer les gémissements d'un chien ; mais, comme le bruit cessa tout à coup, je repris mon somme. Au jour, quand je descendis, je crus m'apercevoir que ma présence causait quelque embarras aux gens de l'auberge et à mon domestique lui-même. Je ne vis plus Diane dans l'écurie, et comme je demandais où il était, l'aubergiste me fit un signe et m'emmena dans sa chambre.

« Je suis désolé de qui s'est passé, Monsieur, me dit-il, mais ce n'est pas ma faute. D'ailleurs, pour vous dédommager de la perte de votre chien, nous sommes prêts à vous faire une part dans la vache.

— Une part dans la vache ? dis-je fort étonné.

— Oui, Monsieur. Hier au soir, nous avons vu arriver ici un prussien éclopé, sans fusil, qui conduisait une vache à leur camp sous Nogent et avait perdu son chemin. Vous comprenez,

Monsieur, qu'on ne pouvait pas laisser aller une si belle occasion de lui faire son affaire ; c'était commandé par le devoir, le patriotisme....

— Et la vache ? Continuez, répondis-je avec un certain dégoût.

— Eh bien, donc, Monsieur, quand Jean-Claude a voulu serrer la vis du Prussien qui dormait dans l'écurie, votre chien endiablé a brisé son attache, a défendu le brigand, s'est jeté sur Jean-Claude, l'a si bien enserré à la gorge qu'un peu plus c'était lui qui était étranglé. Tout ça ne s'était pas fait sans bruit ; les patrouilles prussiennes passant sans cesse devant notre porte, la vie de dix personnes était en péril pour un chien : ma foi ! nous l'avons tué à coups de fourche. Mais, je vous le répète, vous aurez votre morceau de la vache, comme la justice le commande, et elle vaut au moins cent écus.

— Je vous remercie, lui dis-je le cœur serré, ce chien ne m'appartenait pas ; mais vous allez m'aider à lui creuser une fosse dans quelque coin de votre jardin : car il a droit à la sépulture honorable de ceux qui sont morts en défendant leur drapeau.

MARQUIS DE CHERVILLE.

LE CHIEN DU CANDIDAT (1).

Le poète Alfred de Musset était en tournée et faisait ses visites à l'Académie. Il entrait justement dans une antique et

(1) L'Académie française se compose de quarante membres appelés les quarante immortels. Ils sont nommés par voie d'élection, et les candidats ne peuvent arriver au fauteuil qu'après avoir sollicité eux-mêmes cet honneur.

glorieuse maison, lettrée et bienveillante, mais avant tout correcte et rangée à la façon des plus nobles maisons du temps passé. Le château est situé non loin de Paris, dans un lieu magnifique ; il est habité par l'aïeul, par la grand'mère, par le père, par le petit-fils et les enfants de ses petits-enfants. Ces femmes, qui portent un nom glorieux, sont tout à fait des *dames sérieuses*, au dire excellent de Mme de Maintenon ; la maison est tenue avec cette exquise élégance qui n'admet pas un meuble hors de sa place, et sur ce meuble un grain de poussière. Ainsi tout brille en ce logis ample et bien ordonné. Eux-mêmes, les enfants ont appris de bonne heure le respect qu'ils doivent aux habitudes et aux meubles de leur aïeul, et quand ils veulent jouer tout à leur aise, ils s'envolent dans le jardin.

L'avenue est longue, qui conduit de la route au château d'Etioles, et le jeune poète allait, songeant un peu à ce qu'il allait dire, lorsqu'il est rencontré par un chien errant, qui le flaire et qui, trouvant un assez bon homme, se dit à lui-même : « Autant celui-là qu'un autre, et suivons-le à tout hasard ! » Voilà donc ce mécréant de chien qui suit le poète. Or vous savez que l'homme est jeune, élégant, de bonne mine et bien tenu. Donc l'homme faisait honneur à la bête, et c'était tout ce que la bête voulait. O misère ! la porte s'ouvre, ils entrent l'un et l'autre ; et l'homme et le chien, les voilà reçus dans cette maison d'une tenue austère et d'une hospitalité prudente. Un valet arrive, et dit au poète qu'il va prévenir M. le comte. Le poète s'assied ; le chien, qui savait son métier de parasite, se cache et se fait petit, dans un coin, sur le carreau brodé par la petite-fille, le carreau même où la vieille dame descend poser ses pieds vénérables quand elle descend dans le salon.

L'instant d'après le comte arrive, et comme il réunit l'esprit d'un bon écrivain à la grâce affable d'un véritable grand seigneur, il reçoit à merveille le jeune homme. Il n'est pas, non certes, de ces hommes dédaigneux qui disent aux aspirants de l'Académie : « Monsieur, à mon âge, on ne lit pas, on relit ! » Non, ce brave et digne homme a lu tout ce que doit lire un ami des belles choses. Quel que soit son âge, il lit et relit. Demandez-lui quelques vers de ce poète, il va vous les dire !

Ainsi les voilà, le poète et le vieillard, en pleine causerie.

« Voulez-vous voir mon jardin? » dit M. de Saint-Aulaire à M. Alfred de Musset.

Ils vont au jardin, ils parcourent en peu de temps le petit parc séculaire ; mais pour un sage, il ne faut pas tant d'arbres, tant de gazons, tant d'eaux courantes ou jaillissantes. Sous un arbre un peu vieux, un homme sage est à l'ombre, et il peut abriter tous ses enfants. Le chien, cependant, qui se trouve bien dans ce salon frais et sur ce coussin moelleux, reste coi dans son coin ; c'était un vagabond qui connaissait la campagne et le reste ; il eût donné Meudon, Saint-Germain, Bellevue et Saint-Cloud pour un os à ronger.

Cependant l'heure approchait où la famille entière allait se réunir ; c'était un dimanche, et les hommes et les femmes de cette maison avaient mis leurs habits de fête uniquement par respect pour le saint jour, pour la prière à l'église, et peut-être aussi pour le grand plaisir de se regarder entre soi dans ce qu'on a de plus élégant et de plus frais. Cette coquetterie intime est un des plus grands petits bonheurs d'une honnête maison.

Or chacun, ce jour-là, chez les anciens seigneurs d'Etioles, se donnait à cœur joie de cette innocente coquetterie.

Ainsi, un peu avant six heures, la famille était réunie au salon, et le patriarche présenta son hôte à tout ce cher entourage de sa vieillesse.

« Et nous comptons bien, Monsieur, reprit l'illustre vieillard, que vous nous ferez le plaisir de dîner avec nous. »

A ce mot *dîner*, le chien, le maudit chien, le parasite et le galeux, qui, de toutes les langues vivantes, ne savait que ce mot là, relève l'oreille, agite la queue, et quittant avec joie ce coussin souillé de sa poussière, il s'en vient faire le beau et flatter le maître du logis hospitalier.... Ce galant homme, s'imaginant que cet affreux chien appartient au poète, lui fait, quoique à regret, une petite caresse.

« Il faut avouer que les poètes ont de vilains compagnons, se disait M. de Saint-Aulaire.

— Il faut convenir que ce boule-dogue bâtard ne s'arrange guère avec les habitudes et les mœurs de cette maison, se disait Alfréd de Musset. »

Un domestique, en grand habit, annonce à Mme la comtesse qu'elle est servie; elle prend le bras du poète, et les voilà dans la salle à manger, le chien suivant ces bonnes gens d'un pas timide encore. Il était tellement habitué à se voir chassé, à coups de pied, de ces seuils savoureux, qu'il hésitait à aller plus loin. On eût dit un biographe affamé qui se fait inviter dans une maison où il n'est pas connu, et qui se trouve en présence d'un homme qu'il a insulté, en disant du bien de lui.

« Mais bah ! se dit-il, au petit bonheur ; il se peut que cet homme ne me connaisse pas ! »

Ainsi fit l'autre. Après le premier moment de honte, il suivit les convives, et comme ils étaient gens biens élevés, pas un, de l'aïeul à l'enfant, ne témoigna la moindre surprise de cet hôte effronté. Les domestiques eux-mêmes, se règlant sur l'attitude et la réserve de leurs maîtres, ne parurent pas s'apercevoir de l'introduction de ce laid animal, déchiré aux deux oreilles, velu, crotté, pelé, avec un reste de gale au museau. Son œil était saignant, sa double narine était pendante, et laissait entrevoir de vieux crocs jaunâtres, qui avaient mordu beaucoup de passants et qui n'avaient déchiré personne ! On irait loin, certes, pour trouver un animal plus hideux.

Cependant — et c'est là de tes miracles, ô bienveillance ! — plus cette bête hideuse inspirait de répugnance aux honnêtes seigneurs d'Etioles, plus le maître de céans fut poli, même envers ce chien mal élevé. Il ordonna qu'on le fît manger. Hélas ! ce ne fut plus une mangerie, ce fut une curée. Il y avait longtemps qu'il ne s'était trouvé à pareille fête : il ne mangeait pas, il dévorait.

Eh bien, comme il vit que les bâtons le laissaient en repos, au contraire enhardi par la bonne réception et par la bonne chère, et comprenant, confusément, qu'il y avait en tout ceci un *quiproquo* dont il devait profiter, cet hôte immonde envahit la salle à manger. Il se frôlait contre la vieille dame, et d'horreur la vieille dame laissait tomber dans cette gueule horrible l'aile de poulet qu'elle portait à sa bouche ! Il aboyait à l'enfant, qui, de ses belles dents fraîches, allait mordre à sa pitance, et l'enfant se laisser dérober son dîner sans mot dire ! Il n'y avait plus ni repos ni sécurité pour personne dans cette salle où régnaient naguère la causerie intime, la grâce affable et la charmante bonne humeur, si faciles à ces antiques maisons. Seul, ce boule-dogue effronté régnait sur les convives, étrange roi de festin ! Il mangeait le pain, il buvait la viande, il aboyait, il hurlait si quelque victuaille excitait son insatiable voracité.

Au moment où l'on apportait, sur un plat d'argent, le rôti cuit à point, l'affreuse bête, en grognant, s'empara du rôti et disparut....

« Voilà un chien de bon appétit ! » dit M. de Saint-Aulaire avec un léger soupir.

Vous pensez si l'aimable et douce causerie, innocente et gaie, allait son train, brutalement dérangée par cette bête féroce ! Vous pensez si la conversation, où le poète et le savant historien devaient tant de piquantes et curieuses clartés, put s'établir, aux aboiements de ce gargantua de la rue ! On se regardait, on ne se parlait pas ; si l'effroi était grand, la surprise était à son comble. On n'avait pas souvenance d'un pareil dîner au château d'Etioles.

Le dîner fini, comme on rentrait dans le salon, revint le chien, gai et content ; si content que, pour montrer sa joie, il renverse le plateau de porcelaine aux armes de Mme la duchesse du Maine.

— Hélas ! hélas ! ma tasse ! Hélas ! ma soucoupe ! Hélas ! mon sucrier ! »

Et chacun de cette famille ainsi troublée, allait, ramassant quelques-uns de ces débris précieux. Puis le chien vainqueur voyant, sur le canapé, une mantille en dentelle noire, sauta sur la mantille et fit pouf ! C'en était fait, et respirant enfin, le drôle était endormi.

A la longanimité, au désespoir de tant d'honnêtes gens, victimes si patientes d'un pareil animal, Alfred de Musset, éclairé d'un rayon d'en haut, compris enfin — il manqua tomber à la renverse en comprenant cette misère — que M. de Saint-Aulaire avait mis cet affreux chien sur son compte. Un chien pareil !

Monsieur, dit-il, et vous, Madame, apprenez que je ne connais pas le moins du monde cet affreux animal… et moi qui le croyais de la maison ! »

Un soupir d'allégeance, à cette nouvelle un peu tardive, s'exhala de toutes ces poitrines oppressées.

— Comment, M. de Musset, reprit M. de Saint-Aulaire avec un charmant sourire, il est bien vrai que ce chien n'est pas à vous ?

Et d'un geste, il ordonnait au maître d'hôtel de mettre à la porte ce mendiant fangeux ; et vous pensez si le maître de céans fut obéi. Réveillé en sursaut, le chien regardait tous ces gens d'un œil hagard, et ne comprenait pas comment, après tant de politesse, on le pouvait traiter avec ce sans gêne ? Aussitôt qu'il eut compris qu'il fallait déguerpir, il prit la fuite, à la façon des parasites, sans honte et sans vergogne. On les chasse : ils se consolent, en songeant qu'on pouvait les chasser avant de dîner.

Délivrés de cet hôte incommode, et toute chose étant remise à sa place accoutumée, il advint que les habitants de cette maison retrouvèrent bientôt leur bonne grâce et leur sang-froid de tous les jours. Tout reparut ; l'esprit, la grâce, l'enjouement, la douce causerie reprirent bien vite leur toute puissance à travers ces esprits bien faits. Le sourire et le rire éclatant se montrèrent de nouveau dans ce groupe heureux de jeunes femmes et d'enfants jaseurs, pendant que le poète, qui se mettait à l'aise enfin dans cette hospitalière maison, s'abandonnait volontiers à l'inspiration naturelle du bel esprit.

Quand il eut pris congé de son hôte illustre :

« Il a bien fait, disait M. de Saint-Aulaire, de n'être pas le propriétaire de ce vilain chien ; malgré toute sa poésie, il n'aurait jamais eu ma voix.... Et voilà à quoi cela tient, l'Académie, et comme on est juste, après tout, » disait-il en souriant.

Comme il entrait dans la gare du chemin de fer, Alfred de Musset retrouva son chien errant qui cherchait à lier connaissance avec un mendiant de carrefour.... C'était bien la même bête immonde ; elle flairait la besace, après avoir dévalisé le château.

Nunc Irus est, qui modo Cresus erat.

J. Janin.

LE CHIEN DE L'ÉCOLE DE MÉDECINE DE MONTPELLIER

ou un martyr de la vivisection.

On appelle *vivisection* une opération pratiquée sur un animal vivant pour l'étude de quelques phénomènes physiologiques. La physiologie est la science qui traite de la vie et des fonctions organiques par lesquelles la vie se manifeste.

Vers les premières années de la Restauration, le jeune Magloire Abrial ne se distinguait pas parmi les étudiants de la faculté de Montpellier ; cela signifie qu'il ne hantait guère les cours de l'école de médecine, et que les professeurs, ne le connaissant pas de vue, ne pouvaient le connaître de réputation, pour ce motif que Magloire n'en avait aucune.

Un soir que notre héros vaquait à ses études, c'est-à-dire à sa promenade quotidienne, sur ce belvéder gigantesque appelé *la place du Peyrou*, pour charmer ses loisirs, Magloire, qu'un caniche aussi laid que noir venait d'accoster, émiettait au bénéfice du chien vagabond et affamé un reste de pain que son impatience avait enlevé à un dîner récent.

L'écolier regardait ce maigre chien dévorer cette nourriture, lorsqu'une troupe d'étudiants vint à passer. Ces étudiants étaient en quête, et ils faisaient une chasse au chien, chasse usuelle dans leurs mœurs. A Montpellier, où les *sujets* sont beaucoup plus rares et plus coûteux qu'à Paris, les étudiants sont obligés de se priver de l'espèce humaine et de se rabattre sur la gent canine, faute d'hommes morts, ou se contentent de chiens vivants sur lesquels la studieuse jeunesse essaie *l'experimentum in anima vili* (l'expérience sur un être vil).

Pour se procurer des *sujets*, les étudiants se réunissent en petit nombre, et, armés de bâtons déguisés en cannes, ils parcourent à la brune les carrefours de la ville. Aussitôt qu'un chien errant se présente, la troupe marche à lui, l'investit, et, par caresses ou par violences, on amène le quadrupède dans le sein d'un gros sac de toile.

Une fois que cette étrange carnassière est suffisamment fournie, les chasseurs portent leur butin dans une étable attenante à l'amphithéâtre de la Faculté.

Jugez si la bande en tournée se fit faute de courir sur le pensionnaire momentané du jeune Magloire. Personne n'ignorait qu'Abrial ne jouissait pas du moindre chien; alors il ne pouvait revendiquer la propriété du caniche, et d'ailleurs pensait-il à le faire? Non, certes, l'animal qui errait ainsi à l'aventure n'avait aucune de ces qualités qui excitent la convoitise : une robe noire et râpée couvrait pauvrement la vive arête que dessinait son échine; ses côtes faisaient saillie, laissant entre elles des interstices creux : on eût dit les baguettes d'un éventail; les pattes grêles avaient l'air de deux os mal ajustés; les oreilles coupées à fleur de tête et un tronçon de queue dénudée que le malheur inclinait vers la terre, constituaient l'ensemble de ce caniche que l'apprenti médecin nourrissait par désœuvrement plus que par charité.

Néanmoins, bien qu'aucune sympathie n'eût été réveillée chez Magloire par ce piteux animal, l'écolier ne se vit pas avec plaisir séparé de son hôte fortuit avant la fin de cette collation qu'il lui offrait ; et s'il ne dit rien quand le quadrupède fut plongé dans le sépulcre de toile, c'est qu'il ne l'osa pas, ne trouvant aucune bonne raison à invoquer en faveur d'un être tant disgracieux.

Cette capture faite, la troupe disparut, et Abrial rêva.

O Jean-Jacques, quel paradoxe quand vous osez prétendre que les absents ont tort ! Mais, au contraire, mon philosophe, l'amitié s'accroît en raison directe du carré des distances. Vus de loin, les défauts qui sont les ombres disparaissent pour faire place aux qualités qui sont la lumière. Cela explique pourquoi Abrial regretta son caniche.

Une idée triste poursuivait le jeune homme.

« Après tout, réfléchit-il en rentrant chez lui, je suis bien bon de m'inquiéter de ce chien.... Je le voyais pour la première fois ; c'est son ventre et non son cœur qui me l'a amené.... C'est égal, sans moi peut-être aurait-il évité ses bourreaux, car demain on lui fait son compte.... Pauvre bête ! à mes côtés elle trouve la mort quand elle cherchait la vie. C'est fâcheux ! »

Abrial dormit d'un bon somme, et il ne fallut pas moins que neuf heures bien sonnées pour l'arracher du lit.

Sitôt levé, il ouvrit l'unique fenêtre de sa chambre d'où l'on découvrait la promenade du Peyrou. Cette vue lui rappela sa promenade de la veille. « C'est là-haut, pensa-t-il, à côté de ce banc de pierre, que, hier soir, je jetai quelques miettes au chien.... Dix heures !... A midi, au cours d'anatomie, on va le disséquer.... J'ai envie d'aller le voir mourir, c'est bien le moins qu'on puisse faire pour une connaissance. »

Au préalable, Magloire descendit à sa pension bourgeoise et

déjeuna de très bon appétit. Au dessert, on parla politique. Les uns disaient : « Vive le roi! » les autres : « Vive la charte! » Les deux partis s'échauffaient; ce qui eut pour résultat de consommer quelques heures et quelques bouteilles de plus. Il était plus de midi quand Magloire put se reconnaître et songer à son projet.

« A quelle heure, demanda-t-il, commencent les expériences au cours d'anatomie?

— C'est selon, lui fut-il répondu; mais d'ordinaire c'est à onze heures.

— Diable! alors ce sera fini. »

Et il partit.

Au moment où il pénétra dans l'amphithéâtre de chirurgie, les élèves étaient trop occupés pour donner la moindre atten- au nouveau venu, dont la présence insolite n'eût pas manqué de provoquer la curiosité dans toute autre circonstance. De son côté, Abrial était trop absorbé par son idée pour examiner l'aspect sinistre de ce laboratoire de la mort et s'arrêter à l'odeur cadavéreuse que cette salle exhalait.

Sur une table de marbre noir déja couverte de la dépouille encore fumante de trois pauvres chiens, un professeur en robe noire en dépeçait proprement un quatrième qui, selon l'usage, poussait de grands cris. Plaintes lamentables de nul effet sur des oreilles endurcies derrière la double cuirasse de l'habitude et de la science.

L'opérateur palpa, divisa, tria, éplucha avec un grand sang-froid ces chairs pantelantes, à chacune desquelles il donnait des noms grecs et latins. Un moment, le sujet criait trop fort et empêchait le démonstrateur de se faire entendre; il se contenta de lui trancher la tête pour le réduire au silence, moyen infaillible et radical s'il en fut.

Magloire Abrial, témoin de toutes ces atrocités à l'endroit desquelles ni l'étude, ni l'expérience ne l'avaient prémuni, souffrait visiblement de ce supplice infligé à d'innocentes bêtes.

Il examina si parmi les cadavres il ne reconnaîtrait pas celui de son chien. Il ne l'aperçut pas et en fut ravi de prime abord, mais désolé ensuite en songeant aux tortures qui étaient réservées à l'animal encore vivant.

L'opérateur, qui n'avait pas encore immolé assez de victimes à ses démonstrations, se dirigea, les mains souillées de sang, vers le réduit où les autres chiens se trouvaient entassés.

« Messieurs, dit-il, pour aujourd'hui ce sera la dernière expérience que nous ferons. »

A cette annonce, Abrial sentit sa poitrine se dilater, et une lueur d'espoir illumina ses yeux.

L'opérateur se baissa et saisit un sujet qu'il souleva par la peau du cou.

Ciel ! c'était le caniche d'Abrial.

Cette exhibition ne provoqua aucune pitié parmi l'assistance ; et si quelques spectateurs se dérobèrent à la glaciale impassibilité du plus grand nombre, ce fut pour formuler le mépris que leur inspirait cette nouvelle victime.

« J'espère que voilà une vraie pâture d'amphithéâtre, observa un étudiant.

— Certes, personne ne s'avisera de regretter cette horreur, poursuivit un autre.

— Comment donc, nous rendons un signalé service à son maître !

— Est-ce que *ça* peut avoir un maître, » riposta un quatrième, renchérissant par là au dédain général.

Ces injures barbares allaient droit au cœur d'Abrial qui les dévorait en silence. Un moment, le jeune homme voulut en prendre son parti et se soustraire à cette scène qui l'affligeait ; mais quand il voulut sortir, il sentit ses pieds se clouer au sol et se refuser à cette fuite.

Cependant, aussi laid que la veille, plus malingre, plus souffreteux peut-être encore, le pauvre chien était là attendant son supplice.

« Un excellent sujet! dit le professeur en le parcourant de la main; sa graisse ne nous empêchera pas de détailler sa structure. »

Le caniche, que la vue de cette foule épouvantait, semblait respirer avec effroi cette odeur de sang dont était imprégné l'étal de son boucher. La piteuse bête sentait de sa narine effarée les cadavres encore chauds de ses prédécesseurs. Elle frissonnait de tous ses membres et poussait un faible gémissement.

L'opérateur renversa brutalement le chien, prit le scalpel, et d'un bout à l'autre, déchirant le ventre du pauvre animal, mit à nu le mécanisme de la vie. Le patient n'éleva pas ses plaintes, et, au lieu de se révolter contre ce barbare traitement, il se contenta de lécher la main sanglante de son égorgeur.

Je vous laisse à penser les angoisses muettes de l'étudiant; il essuyait le contre-coup de toutes les douleurs de son chien. Bientôt après le malheureux animal essaya un mouvement, aussitôt comprimé, pour s'arracher à ses tourmenteurs. Retenu à sa place, il tourna alors son œil suppliant vers les spectateurs comme pour chercher dans cette foule s'il ne trouverait pas une main secourable et amie. Ce regard pénétra l'âme d'Abrial; il n'y tint plus, et d'un bond il franchit les degrés qui le séparaient du démonstrateur et de la table de marbre. Ce brusque mouvement suspendit l'expérience et excita une bruyante curiosité. Le chien profita de cette diversion pour se relever péniblement. Effarouché et se soutenant à peine, il fit le tour de la table, car s'échapper de ce centre funeste il n'osait même pas le tenter; il sentait bien qu'il était environné d'ennemis mortels.

L'étudiant ne pouvait parler, tant il était ému. Le chien courut vers lui comme pour se réfugier dans ses bras.

« Messieurs, dit enfin le jeune homme aux mille spectateurs qui le regardaient ébahis, Messieurs, et, vous, Monsieur, ajouta-t-il en se tournant vers le professeur, je viens vous demander la grâce de ce chien! »

A ces mots, des rires ironiques éclatèrent dans toute la salle, et le professeur lui-même, malgré la gravité de son emploi, ne put échapper à la contagion de l'hilarité générale.

Magloire fut désespéré de cette explosion; car rien, mieux que les rires, n'attise le feu de la douleur. Des larmes mouillèrent ses yeux.

« Se moque-t-il de nous? s'écrièrent plusieurs voix; une bête hideuse à faire peur.

— Eh bien, que vous importe, mes amis, continua l'étudiant d'une voix douce. Laissez-moi ce chien; je l'aime comme il est; je le nourrirai, je me charge de lui. »

Et en parlant ainsi, il prenait la tête du caniche entre ses mains.

« Trêve à cet enfantillage, interrompit le professeur; quelle sensiblerie! Que serait-ce donc si au lieu d'un chien c'était un homme, ce qui nous arrive tous les jours? Ma foi, nous en ferions de belles si nous allions pleurnicher de la sorte. Allons, mon poulet, il faut s'aguerrir; vous en verrez bien d'autres.... Voyons, laissez-nous continuer. Le *sujet* ne vous appartient pas; d'ailleurs, vous l'auriez réclamé trop tard. Tant pis pour vous! Si tant est que vous souhaitiez un chien, au moins choisissez-en un plus propre.

— Oh! non, Monsieur, s'écria Abrial d'une voix suppliante; accordez-moi celui-là, je n'en veux pas d'autre.

— Je suis bien bon de suspendre mon cours pour une extravagance, continua aigrement le professeur. Allons, Messieurs, à vos places, je n'ai pas fini. »

En même temps il s'armait de nouveau de son scalpel, et il retournait au malheureux objet de ce débat.

« Je vous intime l'ordre de vous retirer, dit-il avec autorité à l'élève.

— Pour la première fois, reprit fermement celui-ci, je vous

désobéirai, Monsieur. Si vous voulez tuer ce chien, il faudra le tuer dans mes bras. »

Et il embrassa l'animal, qui, voyant que toute espérance de salut lui venait de ce côté, se serra contre la poitrine de l'étudiant. Les élèves, désarmés par cette obstination autant que par les prières de leur camarade, se joignirent à lui en criant :

« Grâce ! grâce !

— Non, Messieurs, riposta le professeur d'un ton cassant ; je n'ai pas l'habitude de céder devant un perturbateur, je poursuivrai mon expérience jusqu'au bout. »

Et il fit signe aux deux *appariteurs* de service de faire exécuter ses volontés.

Ceux-ci, dociles à l'ordre de leur maître, s'approchèrent de l'étudiant pour s'en saisir. Au même instant l'heure sonna.

« La leçon est finie, » s'écrièrent les élèves.

Le professeur ne répondit rien ; mais il sortit de très méchante humeur en fulminant des regards de courroux sur toute l'assemblée. L'étudiant n'eut rien de plus pressé que de remercier avec effusion ses camarades pour l'appui qu'ils lui avaient prêté. Cela fait, il ramassa avec soin les entrailles de l'animal, les logea, non sans des ménagements infinis, à leur première place. Le chien parut avoir compris la différence des deux traitements qu'on lui faisait subir ; car il s'offrit de la meilleure grâce à cette dernière opération. L'animal ne jeta aucun cri sous les douloureuses piqûres de l'aiguille d'argent, et tout le monde fut ravi d'avoir collaboré à cette cure.

Le caniche mis hors de danger, on réfléchit qu'il n'avait pas de nom, et on s'occupa de lui en chercher un. Divers avis s'ouvrirent sur cette question, mais celui-ci prévalut.

« Messieurs, dit Magloire, si vous le permettez, ce ne sera pas nous qui serons les parrains de ce caniche, mais bien son accident. Nommons-le *Cousu*.

On applaudit, et Magloire emporta Cousu. Jamais le caniche ne fut plus heureux qu'après son malheur, de la même manière qu'on ne se porte jamais mieux qu'au sortir d'une maladie.

Cousu, naguère aux portes de la mort, a maintenant plus de mille chirurgiens qui s'intéressent à sa vie. Lui, tout à l'heure encore sans maître et sans asile, jouit d'autant de logis que le marquis de Carabas. Il devint le fils adoptif de la Faculté ; ses bourreaux de la veille furent ses amis intimes du lendemain, et, jusqu'à sa mort, Cousu fut le plus heureux des chiens.

FRÉDÉRIC THOMAS.

LES CHIENS DORLOTÉS

LE BICHON FANFRELUCHE

ou le petit chien de la marquise.

La main des Grâces serait seule assez légère pour tracer le portrait de ce bichon merveilleux ; le crayon de Latour (1) n'aurait rien de trop suave. Il s'appelle Fanfreluche, très joli nom de chien qu'il porte avec honneur.

Fanfreluche n'est pas plus gros que le poing fermé de sa maîtresse, et l'on sait que madame la marquise a la plus petite main du monde ; et cependant il offre à l'œil beaucoup de volume et paraît presque un petit mouton, car il a des soies d'un pied de long, si fines, si douces, si brillantes, que la queue à Minette semble une brosse en comparaison. Quand il donne la patte et qu'on la lui serre un peu, l'on est tout étonné de ne rien sentir du tout. Fanfreluche est plutôt un flocon de laine soyeuse où brillent deux beaux yeux bruns et un petit nez rose qu'un véritable chien.

Regardez-moi cette physionomie intéressante et spirituelle ; Roxelane n'aurait-elle pas été jalouse de ce nez délicatement

(1) Peintre de portrait au pastel.

retroussé et séparé dans le milieu par une petite raie comme celui d'Anne d'Autriche !

Ces deux marques de feu au-dessus des yeux, ne font-elles pas charmant effet?

Quelle vivacité dans cette prunelle à fleur de tête! Et cette double rangée de dents blanches, grosses comme des grains de riz, que la moindre contrariété fait apparaître dans toute leur splendeur, quelle duchesse n'envierait leur pureté et leur éclat?

Le charmant Fanfreluche, outre les moyens physiques de plaire, possède mille talents de société : il danse le menuet avec une grâce infinie; il sait donner la patte et marquer l'heure. Il fait la cabriole pour la société, et distingue sa droite de sa gauche.

Fanfreluche est très docte, et il en sait plus que messieurs de l'Académie; s'il n'est pas académicien, c'est qu'il n'a pas voulu : il a pensé sans doute qu'il y brillerait par son absence. Le chevalier prétend qu'il est fort comme un Turc sur les langues mortes, et que, s'il ne parle pas, c'est une pure malice de sa part et pour faire enrager sa maîtresse. Du reste, Fanfreluche n'a point la voracité animale des chiens ordinaires. Il est très friand, très gourmet et d'une nourriture difficile; il ne mange absolument qu'un petit vol-au-vent de cervelle qu'on fait exprès pour lui, et ne boit qu'un petit pot de crème qu'on lui sert dans une soucoupe du Japon.

Cependant, quand sa maîtresse soupe en ville, il consent à sucer un bout d'aile de poularde et à croquer une sucrerie du dessert; mais c'est une faveur rare qu'il ne fait pas à tout le monde, et il faut que le cuisinier lui plaise.

Fanfreluche n'a qu'un petit défaut; mais qui est parfait en ce monde?

Il aime les cerises à l'eau-de-vie et le tabac d'Espagne, dont il mange de temps en temps une prise; c'est une manie qui lui est commune avec le prince de Condé.

Dès qu'il entend grincer la charnière de la boîte d'or du commandeur, il faut voir comme il se dresse sur ses pattes de derrière et comme il tambourine avec sa queue sur le parquet ; et si la marquise, enfoncée dans les délices du whist ou du reversi, ne le surveille pas exactement, il saute sur les genoux de l'abbé, qui lui donne trois ou quatre cerises confites. Avec cela, Fanfreluche, qui n'a pas la tête forte, est gris comme un merle au temps des vendanges ; il fait les plus drôles zigzags du monde, et devient d'une férocité extraordinaire à l'endroit des mollets, un peu absents, du chevalier, qui, pour conserver ce qui lui en reste, est obligé de serrer ses jambes sur un fauteuil.

Ce n'est plus un petit chien, c'est un petit lion, et il n'y a que la marquise qui puisse en faire quelque chose. Il faut voir les singeries et les mutineries qu'il fait avant de se laisser remettre dans son manchon ou coucher dans sa niche de bois de rose, matelassée de satin blanc et garnie de chenille bleue.

On ne sait pas combien les incartades de Fanfreluche ont valu de coups d'éventail sur les doigts du chevalier son complice.

THÉOPHILE GAUTHIER.

AZOR

J'ai toujours remarqué que les enfants cruels envers les animaux devenaient souvent des hommes méchants. C'est le signe d'un mauvais cœur de maltraiter les animaux. Nous devons avoir soin de ceux qui vivent près de nous et subvenir à leurs besoins. Nous pouvons même nous attacher à nos chiens, puisque ces bêtes nous aiment et nous témoignent une affection si vraie, si désintéressée; mais il ne faut pas d'excès, car l'excès en tout est un défaut. L'attachement que certaines personnes ont pour leur chien va jusqu'à l'extravagance. On en a vu qui avaient pour leur caniche des précautions infinies et qui les entouraient des soins les plus minutieux. Ce sont ces personnes assez nombreuses autrefois, très rares aujourd'hui, que le poète flagelle dans la pièce de vers qui va suivre. Il montre ce qu'il y a de dur et d'inhumain à combler un chien d'attentions et à ne pas s'occuper des pauvres. Mais disons à l'honneur de l'humanité que M. Barrillot exagère les faits. Non, mille fois non, ô poète, nulle femme ne resterait insensible aux misères que vous décrivez, nulle ne donnerait la préférence à Médor sur des malheureux. Cette réserve faite, transcrivons cette jolie poésie :

On prône trop vos titres de noblesse,
Belle marquise, et votre humanité.
Quand vous meniez, hier, Médor en laisse,
De mon chemin je me suis écarté.
Je vous suivis méditant une page,
En admirant votre œil doux et charmant :
Des malheureux passaient en ce moment,
La faim avait amaigri leur visage;
Et votre main prit une pièce d'or. .
Pour acheter des gâteaux à Médor.

Puis je vous vis entrer chez un orfèvre
Pour y choisir de précieux bijoux,
Quand un vieillard, la pâleur sur la lèvre,
Mourant de faim, tomba non loin de vous.
Ah! vous n'aviez qu'une main à lui tendre
Pour l'empêcher, Madame, de mourir;
Mais la pitié, qui l'eût fait secourir,
Dans votre cœur ne se fit pas entendre :
Vous achetiez une soucoupe d'or,
Pour émietter les gâteaux de Médor.

Non loin de là je vous suivis encore
O noble Dame! et je vous vis entrer
Dans un bazar que le luxe décore,
Où tous les arts semblent se concentrer,
Lorsqu'un enfant qui mendiait pour vivre,
Transi, pieds nus, fit entendre sa voix....

Un peu d'argent échappé de vos doigts
Eût secoué ses haillons pleins de givre....
Vous achetiez du drap galonné d'or,
Pour habiller le bienheureux Médor!

A la pitié ne soyez point rebelle,
Des pauvres gens allégez le malheur;
Et puisque Dieu vous a faite si belle,
Dans ce chef-d'œuvre il a dû mettre un cœur!
Faites du bien en gardant le silence;
Des pleurs séchés par de saints dévouements
Seront un jour autant de diamants
Que pèsera la céleste balance!...
Aux malheureux, ah! donnez un peu d'or,
Et songez moins au favori Médor.

BARRILLOT.

LE CHIEN CHARITABLE

Dans un petit village d'un des districts les plus pauvres de l'Irlande, vivait une veuve, à laquelle, pour tout héritage, son mari avait laissé deux enfants; deux filles, l'une âgée de trois ans, l'autre de cinq. Avec toute la peine du monde et avec des efforts inouïs, elle réussit à passer deux années de son pénible veuvage. Une nourriture malsaine et insuffisante, obtenue au prix d'un travail trop dur pour son corps délicat, avait fini par l'épuiser et par la jeter sur son lit de douleur; la mort la prit en pitié et l'enleva en quelques jours, sans beaucoup de souffrances, aux chagrins de ce monde.

La misère dans la commune était si grande que rien ne put être fait pour secourir les deux pauvres orphelines. Tous les voisins, quoique animés des meilleurs sentiments, avaient été eux-mêmes frappés par les conséquences terribles de la famine, et entendaient trop souvent pleurer leurs propres enfants demandant en vain du pain, pour pouvoir songer à venir en aide à d'autres.

« Si on pouvait seulement amener les enfants à Kilburn, un village situé à quelques lieues d'ici, dit un des voisins après que la pauvre mère fut enterrée; là, habite un frère de leur père qui ne pourrait pas refuser de prendre soin de ces enfants.

— Mais les choses sont aussi mauvaises là-bas qu'ici, répondit un autre, et je crains qu'elles ne s'en trouveront pas mieux.

— Il est impossible qu'il leur arrive pire qu'ici, où ils sont sûrs de mourir de faim. En les envoyant à leurs parents, nous aurons fait notre devoir. Nous ne pouvons, en aucun cas, les garder ici. »

Un charretier qui allait non loin de Kilburn, prit par pitié les deux petites filles dans sa voiture. Lizzie avait sept ans maintenant, et Mary cinq ans. Les pauvres enfants restèrent l'une près de l'autre bien tranquilles dans la voiture, et le charretier les regardait à peine. Vers l'après-midi, ils atteignirent l'endroit où la voiture devait changer de route. L'homme les fit descendre, leur indiqua le chemin à gauche, et leur dit d'aller tout droit sans quitter la grand'route, et qu'elles arriveraient dans deux heures à peu près à destination. Il les quitta. Les enfants pleurèrent amèrement en lui disant adieu, et autant qu'elles purent apercevoir le chariot de l'homme, elles ne le quittèrent pas des yeux; une fois qu'il eut disparu, les enfants recommencèrent à pleurer.

Lizzie fut la première qui cessa de pleurer; elle prit la main de sa petite sœur qui s'était assise sur l'herbe, et lui dit : « Lève-toi, Mary, nous ne devons pas rester ici si nous voulons atteindre Kilburn; nous ne pouvons rester sur la grand'route. »

— J'ai si grand'faim, sanglota Mary; nous n'avons rien mangé de la journée.

Les enfants étaient bien faibles et pouvaient à peine avancer.

Elles cheminèrent se tenant par la main et en chancelant sur leurs jambes frêles. Enfin Lizzie aperçut une maison qu'elle montra à sa sœur ; mais elles avaient encore plus d'un quart d'heure de marche avant d'arriver à la ferme, car c'en était une. Elles hésitèrent à entrer dans la cour, car elles n'avaient jamais mendié auparavant, malgré leur misère.

Arrivées à quelques pas de la maison, elles entendirent le fermier gronder violemment un de ses hommes ; ensuite il rentra dans la maison, referma avec fracas la porte sur lui, à faire vibrer les carreaux des fenêtres tout en continuant à gronder. Les enfants, effrayées, se tinrent auprès de la porte jusqu'à ce que la voix cessât ses vociférations. Alors Lizzie ouvrit la porte, et les deux enfants entrèrent. Le fermier était assis dans un fauteuil auprès du feu.

« Eh bien, que voulez-vous? demanda-t-il brusquement aux enfants qui avaient trop peur pour pouvoir proférer une parole et lui raconter leur misère. Ne pouvez-vous pas parler ? » dit-il de plus en plus furieux.

Lizzie, s'armant de courage, répondit enfin bien doucement :

« Oh ! si vous étiez assez bon pour nous donner le moindre petit morceau à manger, un tout petit morceau de pain ou quelques pommes de terre.

— C'est ce que je pensais, hurla le fermier. J'étais sûr que vous étiez des mendiantes, quoique vous ne paraissiez pas appartenir à ce voisinage. Nous en avons bien assez ici, et nous ne tenons pas à ce qu'il en vienne d'autres endroits. Nous n'avons pas de pain pour nous-mêmes par ces temps durs. Vous n'aurez rien ici ; allez-vous-en. »

Les deux enfants, terrifiées, se mirent à pleurer.

« Cela ne vous servira à rien, continua l'homme ; ces séductions-là me sont connues et n'ont rien de nouveau pour moi. Que vos parents vous nourrissent ; mais ils préfèrent, sans doute, faire les paresseux que de gagner leur vie par un travail honnête.

— Nos père et mère sont morts, répondit Lizzie.

— Je sais, dit le fermier ; lorsqu'on envoie les enfants mendier, leurs père et mère sont toujours morts, ou tout au moins le père. C'est une excuse pour demander la charité. Allez-vous-en, et ce tout de suite.

— Nous n'avons pas mangé le moindre petit morceau de toute la journée, plaida Lizzie. Nous sommes si fatiguées que nous ne pouvons plus bouger. Donnez-nous de grâce un peu de pain, nous avons si faim.

— Je vous ai dit que je ne vous donnerai rien. Les mendiants ne reçoivent rien ici.

Le fermier se leva et regarda les enfants d'un air menaçant. Lizzie se précipita vers la porte, entraînant avec elle sa petite sœur. Les enfants se retrouvèrent au milieu de la cour, ne sachant que faire. Tout à coup la petite Mary retira sa main de celle de sa sœur et courut vers le fond de la cour où était enchaîné un chien très méchant ; son repas était posé devant lui dans une écuelle en bois. Mary plongea sa petite main dans le plat et commença à manger avec le chien. Lizzie s'approcha, et remarqua que dans la soupe nageaient quelques morceaux de pain et des pommes de terre. Elle aussi ne put y tenir, n'ayant qu'un sentiment, celui d'une faim horrible ; elle prit du pain et quelques pommes de terre et les mangea avec avidité.

Le chien, qui n'était pas habitué à pareille société, regarda les enfants avec étonnement ; il recula, s'assit et leur abandonna son dîner. Au même moment le fermier traversa la cour pour voir si les enfants s'en étaient allées et aperçut cette scène étrange.

Le chien était connu de tout le monde comme étant très méchant, et on était forcé de le tenir toujours à la chaîne. Même les domestiques ne déposaient la nourriture de la bête qu'avec appréhension.

Effrayé, le fermier ne pensa qu'au danger que couraient les enfants, et, allant vers eux, il leur cria :

« Ne voyez-vous pas le chien ? Il vous déchirera en lambeaux. »

Mais il s'arrêta tout surpris et resta comme pétrifié lorsqu'il vit le chien se lever, s'approcher des enfants, les regarder faire et remuer sa queue à l'approche de son maître, comme pour dire : Ne renvoyez pas mes hôtes.

A cette vue, un grand changement s'opéra dans l'esprit de cet homme; le spectacle qu'il avait sous les yeux agit sur lui comme un courant électrique et remua en lui des sentiments qu'il n'avait jamais ressentis auparavant. Les enfants s'étaient relevées tout effrayées à la voix du fermier, craignant d'être punies pour avoir partager le dîner du chien. Après quelques instants de silence, le fermier dit :

« Votre faim est-elle réellement si grande que vous ne dédaignez pas même le dîner d'un chien? Venez, vous aurez à manger autant que vous voudrez chez moi. »

Cela disant, il prit les enfants par la main et les fit entrer dans la maison.

Le chien avait fait honte au maître. Touché par ce qu'il avait vu, le fermier était désireux de réparer ce que sa conscience lui disait être une faute. Il fit asseoir les enfants à la table, s'assit auprès d'eux et leur demanda avec bonté leurs noms.

« Mon nom est Lizzie, dit l'aînée des petites filles, et celui de ma sœur est Mary.

— Y a-t-il longtemps que vos parents sont morts?

— Notre père est mort il y a deux ans, mais notre mère n'est morte que la semaine passée. »

Elles pleurèrent.

« Mes enfants, ne pleurez pas, dit le fermier. Dieu aura soin de vous d'une manière ou de l'autre. Dites-moi, d'où venez-vous ?

— De Loughrea.

— De Loughrea! dit le fermier, de Loughrea! C'est étrange. »

Il commençait à soupçonner la vérité et demanda en hésitant :

« Quel était le nom de votre père?

— Martin Sullivan, répondit Lizzie.

— Quoi ! Martin... Martin Sullivan! » exclama-t-il en bondissant de sa chaise et en jetant un regard perçant sur les deux enfants, qui prirent peur.

Son visage devint tout rouge et des larmes coulèrent de ses yeux ; il sanglota, il prit la plus jeune des petites filles dans ses bras, la serra sur sa poitrine et l'embrassa avec effusion. Il fit ensuite la même chose avec l'aînée. Enfin, se remettant, il dit :

« Connaissez-vous mon nom. mes enfants?

— Non, répondit Lizzie.

— Comment se fait-il alors que vous soyez venues chez moi? Quelqu'un vous a-t-il envoyées?

— Personne. Nous devions aller à Kilburn où habite un frère de notre père, et on nous a dit que nous serions reçues avec bonté. Je ne l'ai jamais cru, car notre mère nous disait toujours que notre oncle était un homme au cœur dur et qui ne tenait pas à la parenté.

— Votre mère avait raison lorsqu'elle vous disait cela; mais que ferez-vous si cet homme dont le cœur est si dur ne vous reçoit pas?

— Il ne nous restera qu'à mourir de faim, murmura Lizzie.

— Non, non, s'écria le fermier, cela n'arrivera jamais... jamais. Séchez vos pleurs, mes enfants: Dieu, dans sa bonté, a eu pitié de vous et s'est servi d'une brute pour toucher le cœur de votre oncle, qui ne vous abandonnera jamais. »

Voyant l'étonnement des enfants, le fermier continua :

« Vous alliez vous rendre à Kilburn chez Patrick Sullivan : eh bien, c'est chez lui que vous êtes en ce moment; c'est moi qui suis cet oncle, et maintenant que je sais que vous êtes les enfants de mon frère Martin, soyez, mes enfants, les bienvenues. »

Les pauvres enfants séchèrent leurs larmes, et bientôt un sourire illumina leurs traits. Patrick Sullivan avait pris cette ferme il y avait à peu près un an, et grâce à son intelligente direction, à son entente dans l'agriculture, ses affaires prospérèrent. Il éleva ses nièces dans le travail, pourvut à leur avenir, et ils vécurent tous très heureux. Inutile d'ajouter que le chien charitable fut, jusqu'à sa mort, toujours choyé par les deux orphelines ; elles ne pouvaient oublier que la Providence s'était servie de cet animal pour toucher le cœur de leur oncle et lui donner une leçon.

BLACK

le chien sauveteur de Biarritz.

Le 19 novembre 1882, dans l'après-midi, le brick-goëlette *Orphelin* vint, par une tempête épouvantable, s'échouer au milieu des rochers avoisinant le *Port-des-Pêcheurs*, à Biarritz. Cet endroit est connu comme étant le plus périlleux de la côte. L'équipage se composait du capitaine, de cinq hommes et d'un mousse. Ces malheureux, exténués de fatigues, mourant de faim, luttaient en désespérés contre les flots, depuis trois jours et deux nuits. La situation était des plus critiques ; les vagues étaient monstrueuses, et les rafales de vent et de pluie rendaient le sauvetage impossible. Cependant deux hommes (Jean-Léon Lassalle et Victor Million) se dévouèrent, et, se jetant résolument à la mer, firent des efforts surhumains pour aller chercher la corde que leur lançaient les naufragés, afin d'établir une bouée, dernier et suprême effort en pareille circonstance. Ils furent roulés par les vagues et enfin rejetés à la côte ! C'est alors que Jean-Léon Lassalle eut l'idée de lancer son barbet *Black* vers l'épave, qu'il lui montra. Le chien se précipita dans les flots, et, après avoir été ballotté, repoussé, après avoir disparu à plusieurs reprises, parvint à saisir la corde, et la ramena à son maître, aux applaudissements des Biarritziens qui assistaient émus à ce drame de la mer. Le dernier des naufragés, le capitaine, avait

à peine mis pied à terre qu'on entendit des craquements sinistres : c'était le brick qui s'éparpillait en morceaux contre les rochers du *Port-des-Pêcheurs*. M. Lassalle reçut une médaille pour sa courageuse conduite, et la Société protectrice des animaux, dans sa séance solennelle de 1883, décerna à son chien Black un *collier d'honneur*. L'intelligent animal, conduit par son maître, vint le recevoir, et les Parisiens firent une ovation enthousiaste à ce sauveteur d'un nouveau genre, dont l'admirable instinct a sauvé la vie à sept hommes fatalement condamnés à périr. Black n'est plus à Biarritz.... Il y a quelques mois, le grand duc Alexis Alexandrovich, frère du czar, étant en villégiature dans cet endroit, voulut voir ce chien extraordinaire dont il avait entendu parler. Il le vit et l'acheta, et Black quitta la France.

Nous avons emprunté ces détails à une brochure (1) publiée par un Lillois, M. Charles Manso. Ce poète de talent, auteur des *Chants du soir*, des *Voix d'en bas*, du *Siège de Lille en 1792*, etc., etc., a raconté le haut fait de Black dans un charmant petit poème; nous en extrayons les vers suivants :

Ecoutez! on entend, quand fléchit la rafale,
Un sonore aboiement, là-bas, par intervalle,
Et, l'œil étincelant et le poil hérissé,
Dans le gouffre écumant un chien s'est élancé.
Son maître est Jean Lassalle! et près du bord ce brave
L'excite de la voix et lui montre l'épave....
L'animal a compris ce geste, cette voix.
La vague en bouillonnant le repousse, et vingt fois
Il repart.... Il est temps, le brick éventré penche.
Mais voyez-vous ce point noir dans l'écume blanche?
C'est Black : son corps meurtri bondit sur les rochers;
Intrépide, tenace, et les yeux attachés
Sur l'épave, il avance... et — combat impossible —
On voit un chien lutter avec la mer terrible!
La mer immense, et lui si petit sur les flots...
Lui le dernier espoir des pauvres matelots!
Noble bête! il tient bon, son œil fixe flamboie,
La mer hurle et ne veut pas lui céder sa proie!
. . . .
. . . . Enfin, les yeux ardents,
Il parvient à saisir la corde entre ses dents,
Et revient... mais voyez : la lutte recommence
Entre ce sauveteur et la mer en démence ;
Il tourne et disparaît.... On attend, convaincu
Que ce drame a pris fin et que Black est vaincu,

(1) Henri Jouve, Éditeur. Paris, boulevard Saint-Michel, 52. — 50 c.

Quand soudain un long cri domine la tourmente :
Le voilà! le voilà! dans sa gueule fumante
Il tient le nœud sauveur!... Deux cents bras vigoureux
Saisissent la bouée, et les sept malheureux,
Quelques instants après, croyant sortir d'un rêve,
Pâles et chancelants descendaient sur la grève....

LES CHIENS ET LA POÉSIE

LE CHIEN DE L'AVEUGLE

On conte chez les Indiens,
Qu'un jour leur dieu Brama conçut la fantaisie
De décerner un prix avec cérémonie
Au plus estimable des chiens.
Lui-même du concours il s'établit l'arbitre.
Le prix était un collier d'or;
Et tous les chiens d'Agra, de Golconde et d'Indor
Furent admis chacun à produire son titre.
Mélampe parut le premier :
« O grand Brama! tu vois le héros de la chasse,
Dit-il, et l'effroi du gibier.
Aucun n'est plus habile à découvrir la trace,
Nul ne la suit avec autant d'ardeur;
Et si quelque dieu grand chasseur
Etait notre juge à ta place,
Il n'hésiterait pas à me nommer vainqueur.
— De Mélampe, sans doute, on connaît le mérite,
Dit Phanor; mais chacun en son genre a le sien.
Dans une sphère plus petite,
Je ne remplis pas moins tous mes devoirs de chien.
Fidèle et courageux gardien
De la demeure de mon maître,
C'est à moi seul qu'il doit peut-être,
Jusqu'à ce jour, et sa vie et son bien.
— Pour mes rivaux j'ai la plus grande estime,
Dit à son tour Azor, jeune chien de berger;
Mais je sais tout comme eux affronter le danger,

Lorsqu'avec maître loup il faut que je m'escrime.
Je suis aussi fidèle, aussi brave; et du moins
On conviendra sans indulgence,
Que d'un troupeau la conduite et les soins
Exigent plus d'intelligence. »
Chaque aspirant ainsi vient aboyer
Son plaidoyer.
Mais j'abrège; car de vous dire
Comment chacun prouva qu'il méritait le prix,
Ce serait long; et moi j'aspire,
D'ordinaire, à gagner la fin de mes récits.
Ajoutons seulement que par la modestie
Nul ne brilla dans la partie.
Un seul restait, de tous paraissant dédaigné,
Pauvre simple barbet, mal tondu, mal peigné,
L'air humble, le corps maigre, excitant peu l'envie.
Une corde, passée à son cou décharné,
Lui servait à guider son maître,
Aveugle, mendiant, n'ayant que ce seul être
Qui ne l'eût pas abandonné.
Brama voulut aussi l'entendre :
« Approche, dit le dieu; c'est ton tour de parler. »
Le pauvre chien, confus, et loin d'oser prétendre
Au riche collier d'or, ne sut rien que trembler.
Il se tait. « Mais puis-je me taire?
Dit l'aveugle, étendant les bras.
O grand Brama! tu vois l'appui de ma misère,
L'ami, le compagnon qui dirige mes pas.
Sans lui que ferais-je ici-bas?
Indigent, privé de la vue,
Je n'ai que lui pour guide et pour soutien;
Il me conduit de rue en rue,
Et le riche lui donne, en disant : *Quel bon chien!*
Toujours content, toujours fidèle,
Il partage mon pain
Ou supporte avec moi la faim;
Et s'il m'entend pleurer, sans que ma voix l'appelle,
Il accourt me lécher la main....
— C'est assez, dit Brama d'une voix attendrie,
Nous pouvons fermer le concours;
Une vertu de tous les jours,
Qui dans l'adversité n'est jamais démentie,
Et qu'embellit la modestie,
Vaut mieux qu'esprit, savoir et talents réunis.
Brama lui décerne le prix!

LAURENT DE JUSSIEU.

LE CHIEN COUPABLE

ou comment une première faute entraîne d'autres fautes.

« Mon frère, sais-tu la nouvelle?
Mouflar, le bon Mouflar, de nos chiens le modèle,
Si redouté des loups, si soumis au berger,
Mouflar vient, dit-on, de manger
Le petit agneau noir, puis la brebis sa mère;
Et puis sur le berger s'est jeté furieux.
— Serait-il vrai? — Très vrai, mon frère.
— A qui donc se fier? grands dieux! »
C'est ainsi que parlaient deux moutons dans la plaine,
Et la nouvelle était certaine :
Mouflar, sur le fait même pris,
N'attendait plus que le supplice;
Et le fermier voulait qu'une prompte justice
Effrayât les chiens du pays.
La procédure en un jour est finie.
Mille témoins pour un déposent l'attentat :
Récolés, confrontés, aucun d'eux ne varie;
Mouflar est convaincu du triple assassinat :
Mouflar recevra donc deux balles dans la tête.
A son supplice qui s'apprête
Toute la ferme se rendit.
Les agneaux de Mouflar demandèrent la grâce;
Elle fut refusée. On leur fit prendre place;
Les chiens se rangèrent près d'eux,
Tristes, humiliés, mornes, l'oreille basse,
Plaignant sans l'excuser leur frère malheureux.
Tout le monde attendait dans un profond silence.
Mouflar paraît bientôt conduit par deux pasteurs;
Il arrive, et, levant au ciel ses yeux en pleurs,
Il harangue ainsi l'assistance :
« O vous qu'en ce moment je n'ose et je ne puis
Nommer, comme autrefois, mes frères, mes amis,
Témoins de mon heure dernière,
Voyez où peut conduire un coupable désir!

De la vertu quinze ans j'ai suivi la carrière ;
Un faux pas m'en a fait sortir.
Apprenez mes forfaits. Au lever de l'aurore,
Seul auprès du grand bois, je gardais le troupeau ;
Un loup vient, emporte un agneau,
Et tout en fuyant le dévore.
Je cours, j'atteins le loup qui, laissant son festin,
Vient m'attaquer ; je le terrasse,
Et je l'étrangle sur la place.
C'était bien jusque-là ; mais, pressé par la faim,
De l'agneau dévoré je regarde le reste,
J'hésite, je balance... à la fin, cependant,
J'y porte une coupable dent....
Voilà de mes malheurs l'origine funeste.
La brebis vient dans cet instant,
Elle jette des cris de mère. .
La tête m'a tourné ; j'ai craint que la brebis
Ne m'accusât d'avoir assassiné son fils,
Et, pour la forcer à se taire,
Je l'égorge dans ma colère.
Le berger accourait, armé de son bâton.
N'espérant plus aucun pardon,
Je me jette sur lui ; mais bientôt on m'enchaîne :
Et me voici prêt à subir
De mes crimes la juste peine.
Apprenez tous du moins, en me voyant mourir,
Que la plus légère injustice
Aux forfaits les plus grands peut conduire d'abord,
Et que, dans le chemin du vice,
On est au fond du précipice
Dès qu'on met un pied sur le bord. »

FLORIAN.

LA BREBIS ET LE CHIEN

ou la triste confidence.

La brebis et le chien, de tous les temps amis,
Se racontaient un jour leur vie infortunée.
« Ah! disait la brebis, je pleure et je frémis
Quand je songe aux malheurs de notre destinée.
Toi, l'esclave de l'homme, adorant des ingrats,
Toujours soumis, tendre et fidèle,
Tu reçois, pour prix de ton zèle,
Des coups et souvent le trépas.
Moi, qui tous les ans les habille,
Qui leur donne du lait et qui fume leurs champs,
Je vois chaque matin quelqu'un de ma famille
Assassiné par ces méchants.
Leurs confrères les loups dévorent ce qui reste.
Victimes de ces inhumains,
Travailler pour eux seuls et mourir par leurs mains,
Voilà notre destin funeste.
— Il est vrai, dit le chien; mais crois-tu plus heureux
Les auteurs de notre misère.
Va, ma sœur, il vaut encor mieux
Souffrir le mal que de le faire.

FLORIAN.

CHIEN ET CHAT

Un épagneul, un jour, jouait avec Mitis,
Non comme chien et chat, mais comme bons amis.

Ils faisaient mille tours, s'escrimaient de la patte,
Mais d'une façon délicate,
Qui n'avait d'autre effet qu'un doux chatouillement.
Les ris, la paix et la concorde,
Jusque-là présidaient à leurs amusements.
Mais vint la pomme de discorde.
Le maître, par hasard, se trouvant là présent,
Charmé de leur adresse et de leur bonne grâce,
Au milieu d'eux jette un morceau friand.
Voilà que tout à coup le jeu change de face.
Ce ne fut plus un jeu, ce fut un vrai combat,
Ce fut une guerre cruelle;
Ce couple qui s'aimait d'une amour fraternelle,
Reprend son caractère et de chien et de chat;
Chacun d'eux veut avoir le morceau qui le flatte;
Ils font jouer les dents, ils font aller la patte,
Non pour se chatouiller, ainsi qu'auparavant,
Mais pour se déchirer impitoyablement.
Déjà le sang coulait, et leur rage mortelle
Eût conduit l'un des deux au bord de l'Achéron (1),
Si le maître aussitôt, pour finir leur querelle,
N'eût fait jouer martin-bâton.

D'abord que l'intérêt s'y mêle
Le jeu n'est plus amusement;
Il devient passion, fureur, emportement.

REYRE.

(1) Fleuve des enfers.

LE CHIEN BARBET ET SES PETITS

ou le danger des mauvaises compagnies.

A son fils encor dans l'enfance,
Un fidèle barbet disait : « Je ne veux pas
Te voir sauter, jouer sans cesse avec les chats;
La jeunesse souvent se perd par imprudence.
— Mais ces petits minets sont gais, doux et jolis,
Et je suis bien certain qu'ils sont de mes amis.
— Non, mon cher, cela ne peut être;
Le chat est un ingrat, un traître;
Et tu sauras, en grandissant,
Qu'on doit craindre toujours et sa griffe et sa dent.
Pour sauver les dangers de ton erreur extrême,
Avec cet animal il faut rompre à l'instant. »

Qui se lie avec un méchant,
Tôt ou tard le sera lui-même.
Tout bon père à son fils devrait en dire autant.

Mme DE LA FERRANDIÈRE.

LE CHIEN QUI LACHE SA PROIE POUR L'OMBRE

Chacun se trompe ici-bas :
On voit courir après l'ombre
Tant de fous qu'on n'en sait pas,
La plupart du temps, le nombre.
Au chien dont parle Esope il faut les renvoyer.

Ce chien voyant sa proie en l'eau représentée,
La quitta pour l'image et pensa se noyer.
La rivière devint tout d'un coup agitée;
A toute peine il regagna les bords,
Et n'eut ni l'ombre ni le corps.

LA FONTAINE.

Dans l'application, le chien qui lâche sa proie pour l'ombre est l'image de ceux qui abandonnent un bien, un avantage réel, pour courir après l'incertain. Ainsi, par exemple, bon nombre de jeunes gens habitant la campagne se décident à quitter leur famille pour aller habiter les grandes villes où mille séductions les attirent. Ils s'imaginent qu'ils seront plus heureux là-bas ; mais ils s'aperçoivent bientôt qu'ils se sont trompés et ont agi comme le chien de la fable.

LE LOUP ET LE CHIEN

ou le prix de l'indépendance.

Un loup n'avait que les os et la peau,
Tant les chiens faisaient bonne garde;
Ce loup rencontre un dogue aussi puissant que beau,
Gras, luisant, qui s'était fourvoyé par mégarde.
L'attaquer, le mettre en quartiers,
Sire loup l'eût fait volontiers ;
Mais il fallait livrer bataille,
Et le mâtin était de taille
A se défendre hardiment.
Le loup donc l'aborde humblement,
Entre en propos, et lui fait compliment
Sur son embonpoint qu'il admire.
« Il ne tiendra qu'à vous, beau sire,
D'être aussi gras que moi, lui repartit le chien.
Quittez les bois, vous ferez bien :
Vos pareils y sont misérables,
Cancres, hères et pauvres diables,
Dont la condition est de mourir de faim,
Car, quoi? rien d'assuré, point de franche lippée,
Tout à la pointe de l'épée!
Suivez-moi, vous aurez un bien meilleur destin. »
Le loup reprit : « Que me faudra-t-il faire?
— Presque rien, dit le chien : donner la chasse aux gens
Portant bâtons et mendiants;

Flatter ceux du logis, à son maître complaire ;
Moyennant quoi votre salaire
Sera force reliefs (1) de toutes les façons,
Os de poulets, os de pigeons,
Sans parler de mainte caresse. »
Le loup déjà se forge une félicité
Qui le fait pleurer de tendresse.
Chemin faisant, il vit le cou du chien pelé,
Qu'est-ce celà, lui dit-il. — Rien. — Quoi! rien? — Peu de chose
— Mais encor? — Le collier dont je suis attaché
De ce que vous voyez est peut-être la cause.
— Attaché! dit le loup : vous ne courez donc pas
Où vous voulez? — Pas toujours; mais qu'importe?
— Il importe si bien que de tous vos repas
Je ne veux en aucune sorte,
Et ne voudrais pas même à ce prix un trésor. »
Cela dit, maître loup s'enfuit et court encor.

LA FONTAINE.

L'ENFANT ET LE CHIEN

ou la bonne manière de donner.

Un enfant tenait à la main
Une longue et large tartine,
Ayant, ma foi, fort bonne mine.
Un barbet, pressé par la faim,
S'arrête devant lui d'un air humble, se presse
Sur ses pattes, et fait le beau
Pour obtenir une largesse.
L'enfant a détaché de son pain un morceau.
Il l'offre, le retire à plus d'une reprise,
Et se livre au malin plaisir
D'exaspérer la convoitise
Du chien, qui vers l'objet de son ardent désir,

(1) Restes de repas.

Par des sauts répétés longtemps, en vain s'élance.
Le jeu ne lui plaît guère; aussi
A peine est-il enfin nanti de sa pitance,
Qu'il s'en va sans dire merci.

Moralité.

Voulez-vous donner? donnez vite,
Tout retard d'un bienfait amoindrit le mérite,
Pour maint obligé même, un service rendu
Est payé par l'ennui de l'avoir attendu.

CHARLES ROYER.

LE CHIEN ET LE RENARD

ou l'occasion fait le larron.

On devient semblable à ceux que l'on fréquente : l'exemple a un grand pouvoir sur les hommes, et quand cet exemple est donné par un ami, il leur est bien difficile de ne pas l'imiter. Aussi, nous ne saurions trop veiller sur nos relations et fuir les mauvaises compagnies. Choisissons des amis bons et vertueux, si nous voulons le devenir nous-mêmes.

Castor, gentil barbet, admiré de son maître,
De sa maîtresse les amours,
Amusait chacun par ses tours.
A le voir, on pouvait connaître
Un chien bien élevé, poli, propre, coquet,
Un petit bijou de barbet,
Qui n'agissait jamais en traître
Et ne mordait aucun mollet.
Castor, dans la cuisine, au milieu de la viande,
Passait et repassait, mais ne touchait à rien.
C'était fort joli pour un chien.

Il avait de l'honneur, honneur de chien; qu'importe?
Un grand nombre d'humains agiraient d'autre sorte.
Mais vint un jour néfaste, un jour de liberté.
(La liberté, soit dit sans que l'on s'en étonne,
Est loin de toujours être bonne :
C'est une triste vérité).
Castor, dans la campagne, errait à l'aventure,
Admirant la belle nature,
Les prés, les bois, que sais-je? Il avise un renard,
Ou plutôt ce dernier vers Castor s'achemine.
« Où vas-tu donc, l'ami? dit-il d'un ton mignard;
J'ai beaucoup d'amitié pour la race canine.
La nuit sera sombre, il est tard,
Je crains que l'on ne t'assassine.
Viens avec moi. Je connais les détours
De ces bois où tu cours;
» Je te préserverai de rencontre fâcheuse. »
Castor, qui, jusque-là, n'avait jamais eu peur,
Commençant à trembler, suivit son conducteur
A la conduite aventureuse.
Ils causèrent longtemps, et le maître fripon
Eut bientôt de Castor fait un adroit larron.
Il se moqua de lui, disant que sur la terre
On a ce qu'on attrape, et que l'on est bien sot
Quand on laisse la viande au pot
Alors que l'on pourrait mieux faire.
Il lui montra l'exemple, et fit tant et si bien
Qu'à son retour, Castor ne se privait de rien :
La graisse, le rôti, le ragoût, le fromage,
Tout étant de son goût,
Le barbet prenait tout.
Le maître commença par faire du tapage;
Cela ne faisant rien, il menaça Castor.
Mais plus il se faisait de bile,
Moins le barbet était docile.
Notre chien fut battu; mais c'était pis encor.
Alors, pour en finir, on lui mit une pierre
Au col, et l'on jeta Castor à la rivière.

Combien auraient vécu toujours honnêtement
Sans quelque mauvais garnement
Qui les entraîne! Et voilà comme
L'occasion fait l'honnête homme,
L'occasion fait le larron.
Je le dis, sans prétendre écrire une leçon.

BESSON.

LE CHIEN ET L'ÉCOLIER

Le malheur et l'infortune influent beaucoup sur les caractères ; ils les rendent difficiles et irritables, c'est pourquoi nous devons nous montrer indulgents envers nos frères et leur pardonner beaucoup quand ils ne sont pas envers nous ce que nous désirerions qu'ils fussent. Souvent ils sont méchants uniquement parce qu'ils souffrent : faisons-leur du bien, surtout aimons les, et nous serons tout étonnés de les voir redevenir bons et aimables.

Un pauvre chien abandonné
De son maître et de sa maîtresse,
Mourant de faim, de froid, plus encor de tristesse,
Gisait près d'une borne, à mourir condamné,
Sans avoir par sa faute encouru sa détresse.
Le malheur rend injuste : il crut que des enfants,
Qui sortaient de l'école, en leur course légère,
Insultaient, par des jeux bruyants,
A sa laideur, à sa misère.
Il toucha de ses dents la jambe de l'un d'eux.
Les passants, effrayés, s'apprêtaient à détruire
Ce vilain animal qui semblait dangereux;
Mais l'écolier mordu n'y voulut pas souscrire;
Il avait le cœur généreux.
Il voit le repentir de cette pauvre bête,
Qui, tremblante à ses pieds, demande son pardon.
Il l'adopte, l'emmène à sa propre maison,
Où le chien trouve alors une douce retraite.
L'animal, désormais, respecta tout passant;
Ses yeux pleins de bonté lisaient dans ceux du maître,
Auprès duquel il fut soumis et caressant,
Du bien qu'on lui faisait toujours reconnaissant.
Mieux que l'homme il valait peut-être,
Et jamais au logis, depuis qu'il fut trouvé,
L'on n'eut un seul regret de l'avoir conservé.

N'en voulons pas au pauvre diable
Qui nous témoigne de l'humeur;
S'il avait un appui, quelque peu de bonheur,
Sans doute il serait plus aimable.
Eh bien, ce bonheur, cet appui,
Si nous pouvons, donnons-le-lui.

TROP DE BIEN-ÊTRE NUIT

Un épagneul, dès sa jeunesse,
Par ses grâces et sa beauté,
Avait si bien su plaire à sa vieille maîtresse,
Qu'il était devenu l'objet de sa tendresse,
Ou plutôt son enfant gâté.
Elle lui prodiguait mainte et mainte caresse
Elle l'appelait son bijou,
Son bon ami, son petit chou.
Sur ses genoux elle l'avait sans cesse,
Elle le nourrissait avec délicatesse,
Lui donnait des biscuits, des croûtes de pâté
Et des bonbons de toute espèce;
Rien ne manquait alors à sa félicité.
Mais au bonheur enfin succéda la détresse.
La bonne dame délogea,
Ou, pour mieux dire, on la porta
De son logis au cimetière ;
Et sitôt qu'elle y fut, sa famille héritière
Vint partager tout son butin.
Mais que devint alors l'épagneul orphelin?
Hélas! au lieu d'une seconde mère,
Car pour lui la dame l'était,
Il n'eut plus qu'un maître sévère,
Qui loin de le gâter à peine le soignait;
Plus de bonbons, de bonne chère.
Il n'avait, pour son ordinaire,
Qu'un morceau de pain noir qu'un valet lui jetait.

Plus de coussins, plus de duvet;
Son lit était la terre nue;
Et même du logis souvent on le chassait,
Pour le faire coucher au milieu de la rue.
Une nuit qu'il se lamentait,
Plusieurs autres chiens l'entendirent,
Vinrent le trouver et lui dirent :
« Qu'est-ce donc qui te fait gémir?
— Ah! leur dit l'épagneul en poussant un soupir,
Vous le voyez assez; isolé, solitaire,
Ne vivant que de pain et couchant sur la terre,
Je ne puis que beaucoup souffrir.
— Quoi! pour toi, lui dit-on, cette vie est trop rude?
Tu n'en as donc jamais contracté l'habitude?
Pour nous, il en est autrement;
Comme toi mal nourris et couchant sur la dure,
Nous n'en vivons pas moins gaiement,
Et ce qui cause ton tourment,
Sans la moindre douleur chacun de nous l'endure.
— Ah! reprit l'épagneul, vous me montrez l'erreur
Qui m'a fait jusqu'ici mal juger du bonheur.
Je regardais mon sort comme digne d'envie,
Je me félicitais d'en goûter les douceurs;
Mais je vois maintenant qu'une trop douce vie
N'est qu'une source de malheurs. »

Rien n'est capricieux comme la fortune : aujourd'hui nous sommes dans l'abondance et la prospérité, demain nous pouvons être dans la misère et l'adversité. Aussi, l'on ne saurait trop s'habituer dans la jeunesse à une vie sobre et dure qui vous aguerrit, vous fortifie et vous met à l'abri des mille et une petites souffrances qu'éprouvent ceux qui sont élevés avec mollesse et recherchent toujours leurs aises.

LA MIGNONNE DU TONNELIER

ou un ami vaut mieux qu'un trésor.

Ballade (1).

Maître Jans excitait l'envie
De tous les bourgeois du canton ;
Car il possédait une amie
Sans prix à ses yeux, disait-on.
C'était une chienne griffonne,
A l'œil de flamme, au blanc collier.
— Elle était belle, la mignonne,
La mignonne du tonnelier.

Fallait la voir bondir, joyeuse
Avec l'enfant de la maison
Qui mêlait sa tête soyeuse
Aux poils de la blanche toison.
Par ses vifs ébats la bouffonne
Faisait l'amour de l'atelier :
— Elle était belle la mignonne,
La mignonne du tonnelier.

Un jour, un duc de haut parage,
Des attraits de mignonne épris,
Voulut avoir, à son passage,
Ce bijou, quel qu'en fût le prix.
Maître Jans cerclait une tonne
A la porte de son cellier.
— Elle était belle la mignonne,
La mignonne du tonnelier.

Donc, en la voyant si jolie,
Le duc de Jans devint jaloux,
Et lui dit l'œil brillant d'envie :
« Pour cette chienne au poil si doux,

(1) Aujourd'hui, on appelle ballade une ode d'un genre le plus souvent légendaire et fantastique. Autrefois, on donnait ce nom à une poésie divisée en stances égales et terminée par un couplet plus court appelé *envoi*.

Manant, veux-tu que je te donne
Des ducats pleins ton tablier? »
— Elle était belle la mignonne,
La mignonne du tonnelier.

« Maître, dit Jans, vous voulez rire?
— Veux-tu de plus ce collier d'or?
— Vendre mignonne! oh! non, messire.
Un ami vaut mieux qu'un trésor!
Vous m'offririez votre couronne,
Je dirais : non! beau chevalier. »
— Elle était belle la mignonne,
La mignonne du tonnelier.

« Non, beau duc, je garde ma chienne;
Mon enfant pleurerait ce soir :
Elle est son amie et la mienne,
Et nous aimons tous à la voir.
Et puis, Messire, elle est si bonne
Que nous ne pourrions l'oublier. »
— Elle était belle la mignonne,
La mignonne du tonnelier.

Or, un soir, l'enfant, vers la brune,
Dans le fleuve se laissa choir,
Pour un pâle rayon de lune
Qu'en se penchant il voulut voir.
Sur la vague qui tourbillonne,
La chienne aperçut un soulier....
— Elle était belle la mignonne,
La mignonne du tonnelier.

Trois fois on vit au sein de l'onde,
Où mignonne s'élance en vain,
Surnager une tête blonde,
Trois fois disparaître soudain.
Puis on ne revit plus personne,
Ni la chienne ni l'écolier!...
— Elle était morte la mignonne,
La mignonne du tonnelier.

A. Levain.

VARIÉTÉS DE CHIENS

Nous donnons ici quelques détails qui n'ont pu trouver place dans ce livre.

King-Charles. Mot anglais qui signific propremont *roi Charles*. Le King-Charles est une espèce de petit épagneul à long poil. Ce qui le distingue, c'est la longueur de ses oreilles, les barbes de poil qui frangent ses pattes, la proéminence de son crâne et la petitesse de son museau.

Barbet ou caniche. — Le barbet, dit Buffon, est très intelligent et très attaché à son maître; mais la longueur de son poil l'expose à se crotter affreusement en marchant par les rues. De là le dicton : il est crotté comme un barbet. Cet animal est par excellence le chien de l'aveugle; son odorat est assez fin, et on peut le dresser à tous les services. Il aime l'eau et nage avec la plus grande facilité, aussi l'emploie-t-on à la chasse des oiseaux aquatiques. Il y a deux variétés de chiens barbets : le grand barbet, qui atteint souvent la grandeur du mâtin, et le petit barbet, qui ne diffère du précédent que par sa taille plus petite et son pelage un peu moins laineux et plus hérissé.

Griffon. — Les griffons sont des chiens d'arrêt à pelage dur ou soyeux ; quelques-uns même sont munis d'une épaisse toison. Ce sont des chiens excellents, mais difficile à dresser, et généralement d'un mauvais caractère. Souvent ils ont le nez fendu en deux ; mais cette difformité, assez commune dans toutes les variétés, ne doit pas être regardée comme un caractère de race. Les griffons sont connus depuis longtemps en France, et plusieurs de nos rois ont eu pour ces chiens une affection particulière. En 1596, au milieu des préoccupations de la guerre civile, Henri IV écrit au connétable de Montmorency pour le prévenir qu'il a égaré son petit griffon moucheté à deux nez; il prie le connétable de le faire chercher et de le renvoyer aussitôt s'il le trouve.

Levrette. — Chien d'une race dont les formes sont semblables à celles du levrier, mais dont la taille est beaucoup plus petite.

Lévrier. — Ces chiens sont très bien caractérisés par leur taille élancée, leur ventre très rentré, leurs jambes hautes et fines, leur queue longue, grêle, faiblement cambrée; leurs oreilles dirigées en arrière, droites mais à pointe tombante; leur tête effilée, leur museau pointu, leurs lèvres courtes. Ce qui frappe surtout en eux, c'est la forme de la poitrine; elle est large et vaste. Le lévrier est très propre à courre le lièvre; il voit et entend très bien, mais son odorat est peu subtil. Un rien le met en colère et lui fait montrer les dents; il ne montre d'attachement à l'homme que lorsqu'il est continuellement flatté; mais qu'une autre personne que son maître le flatte aussi, il lui montre la même amitié.

Carlin ou mopse. — Il est très petit; il a la tête ronde, la queue recourbée, les jambes courtes, le corps trapu, le pelage jaune fauve. Il a peu d'attachement et encore moins d'intelgence. Il a l'haleine d'une odeur désagréable.

Roquet. — Le roquet proprement dit est de petite taille, a la tête ronde, les yeux gros, le front bombé, les oreilles petites et pendantes, les jambes courtes, la queue relevée, le pelage noir ou varié. Ce chien est courageux, hargneux, criard, mais attaché à son maître auquel il est très fidèle.

Chien-loup. — Il a le museau allongé, les oreilles droites, la queue relevée ou enroulée en dessus; le pelage court sur la tête, long et soyeux sur le corps, d'un blanc jaunâtre. Ce chien est un très fidèle gardien. On le trouve dans tous les pays tempérés. En Allemagne, il existe une sous-variété dont le pelage, d'un blanc de neige, est long et soyeux.

Chien terrier ou renardier. — Il est petit, musculeux; il a le museau court, les oreilles petites à demi pendantes ; le pelage noir, ras et brillant, avec le derrière des pattes, les joues et deux taches sur les yeux d'un jaune vif. On l'emploie à la chasse du renard, dans le terrier duquel il pénètre assez aisément.

Basset. — On distingue le basset à jambes droites et le basset à jambes torses. Le premier a le corps très long ainsi que la queue ; jambes grosses et fort courtes ; pelage ras, brun ou noir. Il est peu fidèle à son maître; on l'emploie à la chasse du blaireau, du lapin et du levron.

Chien marron d'Amérique. — Il a la tête plate et longue, le museau effilé, le corps mince, l'air sauvage, le pelage fauve ou brunâtre. Il vit à l'état sauvage, mais s'apprivoise facilement.

Chien turc. — Peau presque nue, noire ou couleur de chair ; museau pointu comme celui du roquet, mais plus allongé; front saillant, oreilles longues et pendantes, membres petits, queue relevée et recourbée.

Bichon. — Il est très vif, très petit; il a le poil long, soyeux et ondoyant. Il est peu intelligent et peu fidèle.

Chien anglais ou épagneul écossais. — Ses formes sont légères, élancées; ses oreilles haut placées, petites; sa queue recourbée et relevée. Il a les yeux jaunes, le nez rose, le pelage blanc. Ce chien a été introduit en France par Charles Ier, l'année même de sa déchéance.

LA MALADIE TERRIBLE DU CHIEN

Nous croyons devoir donner ici d'assez longs détails sur la *rage*. Bien des malheurs seraient évités si l'on connaissait les divers symptômes qui dénotent cette horrible maladie chez le chien et si l'on détruisait certains préjugés qui induisent en erreur et ne font pas prendre les précautions nécessaires.

La rage est une maladie particulière aux animaux du genre chien et chat, et contagieuse à l'homme ainsi qu'à tous les animaux. Elle est caractérisée principalement par un sentiment d'ardeur et de constriction à la gorge et à la poitrine, ordinairement par l'horreur des liquides, par des accès de convulsions, même de fureur, et enfin par une mort plus ou moins prompte. La rage possède la funeste propriété de se transmettre par inoculation; elle peut naître spontanément chez le chien, et lorsqu'elle s'attaque à d'autres animaux que ceux des animaux *canis* et *felis*, elle leur a été transmise. Mais la rage peut encore être transmise par d'autres animaux que le chien, tels que le chat, le loup, le chacal. Le chat contracte assez rarement cette maladie.

Il est maintenant démontré de la manière la plus certaine que la salive seule des animaux enragés possède des propriétés virulentes. Jamais, en effet, la rage n'a pu être transmise par l'insertion d'aucune autre matière animale que la salive; l'inoulation du chien enragé, notamment, est d'une innocuité parfaite. Chez le chien, la rage se manifeste le plus ordinairement entre la sixième et la douzième semaine après son inoculation.

L'idée de la rage chez le chien implique, en général, celle d'une maladie qui se caractérise nécessairement par des accès de fureur, des envies de mordre, etc. C'est là un préjugé bien redoutable et fécond en conséquences désastreuses, car on demeure sans défiance en présence d'un chien malade qui ne cherche pas à mordre, et cependant sa maladie peut très bien être la rage. Il est donc prudent de se méfier du chien qui commence à ne plus présenter les caractères de la santé.

Les premiers symptômes de la rage du chien consistent dans une humeur sombre et une agitation inquiète qui se traduit par un changement continuel de position. Le chien cherche à fuir ses maîtres ; il se retire dans les lieux obscurs, sous les meubles, dans les recoins; il tient sa tête cachée sous sa poitrine et ses pattes de devant. Si on l'appelle, il n'obéit plus qu'avec lenteur et comme à regret. Bientôt il s'inquiète, quitte sa place pour en chercher une autre, et jette autour de lui un regard dont l'expression est étrange. Son attitude est sombre et suspecte ; il va d'un membre de la famille à l'autre, fixe sur chacun des yeux résolus, et semble demander à tous, alternativement, un remède contre le mal qu'il ressent. Mais une des particularités les plus curieuses et les plus importantes à connaître de la rage du chien, c'est la persévérance, chez cet animal, des sentiments d'affection envers les personnes auxquelles il est attaché. Ces sentiments demeurent si forts en lui que le malheureux s'abstient souvent de diriger ses atteintes contre ceux qu'il aime, alors même qu'il est en pleine rage. De là des illusions fréquentes que les propriétaires des chiens enragés se font sur la nature de la maladie de ces animaux. Comment croire à la rage, en concevoir même l'idée, chez un chien que l'on trouve toujours affectueux, docile et dont la maladie se traduit seulement par de la tristesse, de l'agitation et une sauvagerie inaccoutumée.

Ainsi donc, le plus ordinairement, lé chien enragé ne mord point ceux qu'il affectionne.

Dans les intermittences des accès de rage, le chien malade a le délire; il voit des objets et entend des bruits qui n'existent que dans ce qu'on est en droit d'appeler son imagination. A une période plus avancée, il est plus inquiet, il change continuellement de position, refoule sa litière avec son museau et semble chercher quelque chose. Mais un préjugé dangereux qu'il faut détruire, c'est de prétendre que le chien enragé ne boit jamais. Or *le chien enragé boit très bien quand on lui offre à boire; il ne recule pas épouvanté, il n'a pas horreur de l'eau.* Quant aux aliments solides, il ne les refuse pas toujours au début de la maladie, mais il s'en dégoûte promptement. On le voit quelquefois saisir et avaler du linge, de la laine, des pierres, de la terre, etc.

Le chien enragé ne perçoit pas les sensations douloureuses au même degré qu'à l'état normal, il est muet sous la douleur; alors aussi son aboiement a beaucoup de rapport avec le cri du coq.

Disons aussi que quelquefois les chiens enragés n'ont pas à la gueule de bave écumeuse. La bave ne peut donc être un symptôme sûr.

La rage se caractérise par une particularité importante à noter : c'est l'impression qu'exerce, sur un chien affecté de la rage, la vue d'un animal de son espèce. La présence de ce dernier donne immédiatement lieu à un accès. Le chien peut donc être considéré comme le réactif certain à l'aide duquel on peut déceler la rage encore latente dans l'animal qui la couve. Il en est de même pour tous les animaux enragés, à quelque espèce qu'ils appartiennent. Tous entrent en fureur à la vue du chien, se lancent sur lui et l'attaquent avec leurs armes naturelles. Il est à remarquer aussi que les chiens affectés de la rage inspirent une telle horreur et une telle frayeur aux autres, que les plus petits de ces animaux se jettent sur les plus gros, sans que ceux-ci cherchent seulement à user de la supériorité de leurs forces.

L'état rabique offre une particularité dont la connaissance pourrait prévenir bien des malheurs. Très souvent le chien ressent les premiers symptômes de la rage, disparaît et fuit ceux auxquels il est attaché, abandonne ses maîtres pour aller mourir dans quelque coin retiré, s'il ne trouve la mort en route. Mais trop souvent encore, après avoir erré un jour ou deux, le malheureux animal revient dans la maison de ses maîtres. C'est alors que les malheurs arrivent, car l'animal répond quelquefois par des morsures aux caresses qu'on lui fait et aux soins qu'on veut lui donner. Il est donc prudent de tenir pour suspect le chien qui, après s'être absenté pendant un jour ou deux, revient au toit domestique.

Quand une fois la maladie est arrivée à sa dernière période, la physionomie du chien est épouvantable, et ses accès de fureur glacent d'effroi. Furieux, il se jette sur tout ce qui est à sa portée et le mord à coups répétés en poussant des hurlements. Lorsque le chien enragé est libre, il marche droit devant lui, s'attaque à tous les êtres vivants qu'il rencontre, mais de préférence au chien plutôt qu'à tous les autres. Il a la gueule enflammée et écumeuse; il éprouve des envies immodérées de mordre, ainsi que des convulsions à l'aspect de l'eau, des autres liquides et des corps polis sur lesquels il se jette avec fureur pour les mordre.

Il n'y a de préservatif certain contre la rage que la *cautérisation* suivie d'un traitement convenable. Toute personne mordue par un animal enragé ou soupçonné d'être atteint de la rage doit à l'instant même — car l'absorption du virus rabique se fait avec une promptitude extraordinaire — presser la blessure dans tous les sens afin d'en faire sortir le sang et la bave. Il faut ensuite laver soigneusement la plaie à grande eau, soit avec de l'alcali volatil étendu d'eau, soit avec de l'eau de lessive, de l'eau de savon, de l'eau salée, et, à défaut, avec de l'eau pure ou même avec de l'urine. Enfin, on fera chauffer *à blanc* un morceau de fer qu'on appliquera profondément sur la blessure.

Il s'écoule ordinairement de vingt à quarante jours entre le moment de la morsure et celui des premiers accidents. On a vu la période d'incubation ne durer que quinze jours ou se prolonger pendant plusieurs mois.

UNE DOULOUREUSE HISTOIRE

C'est en juin que la rage fleurit avec un redoublement d'ordonnances municipales contre les chiens....

C'est le mois où l'on regarde généralement les chiens de travers, où l'attention se concentre tout entière sur les gueules bées et sur les queues basses, où l'on cède au mâtin inconnu le haut du pavé, où l'on se garde des trop vives caresses du toutou favori. C'est que la rage est une si horrible maladie, l'absorption du virus rabique si accélérée et les traitements si incertains! Hélas! La petite histoire tragique que j'ai à vous conter n'est vieille que de quelques mois. Elle a fait pleurer un savant docteur et un vieux prêtre, deux habitués de misères, cependant, et, si elle tire quelques pleurs à vos pitiés, n'en rougissez pas. Il ne faut point se désaccoutumer des larmes pour savoir souffrir et compatir.

Il est, dans une plaine, un gros village qui porte, comme une volumineuse coiffe Maintenon à trois cornes, un haut clocher à trois arches. A l'ombre de ce clocher, une large ferme s'accroupit dans les murailles de ses basses-cours, telle qu'une paysanne épaisse dans les ampleurs de ses jupes.

Deux êtres dans cette ferme représentaient le charme et la gaieté : une petite fille et un petit chien. De par leur jeunesse et leur gentillesse réciproques, ils s'aimaient, l'un et l'autre, d'une amitié fort intime. Bouchées de pain et caresses, ils partageaient tout sans arrière-pensée. La fillette était une vraie petite rose d'églantier, un peu sauvage, mais charmante. Le caniche, lui, était lourd et laid, mais si intelligent, fidèle et folichon!

Un jour, le petit chien fut pris d'humeur sombre. Il se montrait inquiet. Il se retirait tristement dans les coins obscurs d'où les appels flûtés et réitérés de son amie ne le tiraient que lentement et à regret. Il cherchait des places commodes où s'étendre, s'arranger; mais, jamais content, il se levait aussitôt, tournait, se réinstallait, se relevait et, toujours mécontent, se remettait en quête d'une nouvelle place. Parfois, sa prunelle devenait étrange, son regard morne. Alors, il courait en hâte vers sa jeune maîtresse, redoublait de caresses, la considérait dans les yeux avec une insistance mélancolique comme pour dire : « Tu le vois bien? Je souffre. Guéris-moi! »

Il ne dormait presque plus. S'il cédait enfin à la fatigue, des fantômes de gens et de bruits hantaient son cerveau, et il grognait ou geignait. La fillette comprit que son ami caniche était sérieusement malade. Mais de quelle maladie et que faire? Le pauvre chien ne pouvait parler, et il refusait de manger.

Un matin, ses aboiements baissèrent de ton et sortaient de sa gorge voilés et rauques. Il rendait le premier à pleine gueule; les autres, ensuite, se prolongeaient en hurlements gutturaux décroissants et semblables au cri d'un gros coq. Le pauvre animal commençait à entrer contre ses frères de la ferme en des fureurs inexplicables.

Tout à coup, comme une flèche, il détala à travers champs, droit devant lui, et disparut.

La fillette en éprouva au cœur un réel chagrin.

Trois jours après, la petite villageoise gardait quelques brebis sur un talus gazonné. Elle vit soudain l'ami parti et regretté venir à elle roidement de l'horizon du chemin, et avec une célérité folle. Sans doute il la reconnaissait, se repentait, et son amitié pour elle mettait un peu de son cœur au bout de ses quatre pattes. La fillette était dans le ravissement et se baissa pour recevoir entre ses bras le chien prodigue. Mais, lui, bondissant par-dessus la tête de sa maîtresse, se mit à mordre cruellement les brebis l'une après l'autre.

La villageoise veut défendre son troupeau et saisit le méchant par le cou. Le caniche, exaspéré, mort au doigt l'enfant elle-même. Comme le doigt saignait, la petite montagnarde se mit d'abord à pleurer. Mais, prompte et violente — ainsi que la nature les fait, là-haut, sur les cimes sauvages, — d'un coup de sabot elle abat le chien, et d'un tour de main lui tord le col. La pauvre enfant, désespérée de sa brutalité, se penche sur son compagnon, l'appelle, lui demande pardon, le conjure et se lamente. Le petit chien ne bougeait plus. Sa fuite avait été le premier chagrin de la fillette, sa mort en fut la première douleur.

Il se passa deux mois, trois mois. La petite bergère gardait toujours ses brebis sur le talus des sentiers ou le long des fossés. Comme la rosée, sa peine semblait s'être envolée sur un rayon de soleil. Elle s'amusait avec ses compagnes, elle chantait avec les oiseaux, elle riait avec les jeunes fleurs des buissons. Toutes ces jeunesses et ces gaietés s'entendaient à merveille et vivaient à qui mieux mieux.

De temps en temps, cependant, l'enfant devenait sérieuse et songeuse au souvenir de son pauvre et cher compagnon de ferme et de pâture. Sa mort était restée en elle comme un regret et lui apparaissait presque comme un péché dont elle se confesserait bien sûr et bientôt.

L'automne vint, et comme la fillette appartenait à des laboureurs aisés, on la conduisit à la ville dans un couvent de petites paysannes.

Au couvent, quelques mois tranquilles s'écoulèrent, d'abord avec les neiges de l'hiver, puis avec les fleurs du printemps.

Cependant, à la fin de mai, on remarqua chez la pensionnaire des inquiétudes et des mélancolies. Elle songeait plus que jamais au petit chien mort. Certain soir, après un jeu avec ses compagnes, elle fut prise d'une grande soif. Elle but beaucoup toute suante, se sentit mal et se mit au lit. La nuit entière, elle fut assaillie de rêves épouvantables. Elle se réveillait sous l'épouvante, elle ne se rendormait plus de peur. L'anxiété accentua les traits de son visage avec des rigidités de marbre. Un malaise vague l'alanguissait, un frisson subit la secouait.

La deuxième nuit, ses yeux, si doux et si purs, s'injectèrent de sang et de terreur. Le plus léger bruit, la lueur la plus faible, la moindre agitation de l'air lui causaient de vives douleurs. Quelques cris déchirants, par intermittences, se faisaient jour à travers les ardeurs et les constrictions de sa gorge.

L'enfant était attaquée de la *rage blanche*. Elle commençait à écumer, elle ne tarderait pas à mordre.

Elle mandait ses compagnes autour de son lit et causait complaisamment avec elles de leurs jeux, du village, des parents. Puis, tout à coup l'angoisse faisait saillir plus dures les lignes de son visage; elle priait ses petites amies de sortir vite, vite, car elle sentait qu'elle allait les mordre — et elle les adorait. C'était affreux et navrant.

Sa famille entourait sa couche. La malade embrassait les siens avec bonheur et tristesse. Sa voix alors était caressante, son sourire doux, ses regards affectueux. Son âme d'enfant se répandait autour d'elle comme une tendresse.

Qu'essayer pour la guérir? Les matrones parlaient d'infusions d'églantier, de l'omelette aux douze œufs des paysans de Saintonge; les habiles, du *datura stramonium;* les dévotes, de l'oraison à Saint-Hubert des Ardennes, avec application au doigt mordu de la grosse clef rougie au feu. Le médecin n'écouta que sa science et son cœur. Quand il avait rendu quelque espoir et quelque calme à l'enfant, il se hâtait de fuir pour sécher ses larmes dans l'escalier.

Le mal empirait. Plus souvent, les atroces envies de mordre reprenaient la malade, et une main invisible la secouait frénétiquement sur l'oreiller. Une veilleuse éclairait, la nuit, l'humble cellule de la pauvre petite enragée. C'était comme un blanc rayon de lune sur cette couchette blanche et ce visage décoloré. Trois délicates pâleurs autour de ce mal sinistre. Mais la veilleuse devint bientôt irritante elle-même ; le liquide qu'elle contenait éveillait des convulsions chez l'enfant. La veilleuse disparut.

Les cris redoublèrent de fréquence et d'intensité. Maintenant, deux hommes vigoureux avaient peine à contenir la pauvre petite sur son lit où elle grinçait des dents sous une transpiration ruisselante et douloureuse. Ils étaient pris de profonde pitié. Quand l'aumônier du couvent vint enfin lui parler du ciel, une langueur touchante l'envahit. Les paroles tombaient lentement de sa bouche dans le cœur du vieux prêtre comme des syllabes harmonieuses d'argent. Soudain elle supplia le saint homme de la quitter ; elle réitéra son désir avec une brusque insistance et des sanglots, les mains jointes.... Le prêtre obéit en la bénissant et pleurant comme un enfant.

Cet accès fut impitoyable ; il convulsa effroyablement ce visage charmant, ce corps délicat, et la malade, se redressant d'un bond sur le blanc oreiller battu et déchiré, retombait asphyxiée.

L'écume flua abondante et longtemps à ses lèvres.

Puis, la pauvre petite enragée redevint belle et tranquille. Elle avait quatorze ans.

AIMÉ GIRON.

LES CHIENS ET LES LOIS

ADMINISTRATION. — LÉGISLATION

Nul n'est censé ignorer la loi.

Parmi les animaux domestiques, les chiens ont fixé particulièrement l'attention de l'autorité; leur agglomération dans les villes, la négligence de leurs maîtres, l'instinct malfaisant de certaines races, et surtout la facilité avec laquelle une maladie terrible, la rage, se développe chez ces animaux, imposaient le devoir de prendre de sévères mesures de police. Partout on a fait des règlements pour protéger la sécurité publique. Les plus complets sont ceux du département de la Seine. L'ordonnance du 27 mai 1845, qui en est le résumé, interdit d'élever et d'entretenir dans les maisons d'habitation un nombre de chiens tel, que la sûreté et la salubrité des habitations voisines puissent en être compromises. En aucun temps, il n'est permis de laisser vaguer ou de conduire même en laisse sur la voie publique des chiens non muselés. Ces chiens doivent, en outre, avoir un collier soit en métal, soit en cuir, garni d'une plaque où sont gravés les noms et l'indication de la demeure de leurs maîtres. L'obligation de tenir les chiens muselés s'applique même aux chiens dressés pour la garde des troupeaux. Dans l'intérieur des magasins, boutiques, ateliers et autres établissements ouverts au public, les chiens, même à l'attache, doivent être tenus muselés. Les entrepreneurs et conducteurs de voitures publiques ne doivent point conduire de chiens non muselés; les marchands forains, industriels et autres voituriers qui ont coutume d'avoir des chiens avec eux, doivent les museler et les tenir attachés très court avec une chaîne de fer, sous l'essieu de leur voiture. Défense est faite d'attacher des chiens aux voitures traînées à bras. Les chiens autres que ceux des conducteurs de bestiaux ne doivent point entrer dans les abattoirs, même muselés. Les chiens bouledogues ou bouledogues métis étant particulièrement dangereux, il est interdit de les conduire, sur la voie publique, même en laisse et muselés. Dans l'intérieur des habitations et dans les lieux non ouverts au public, les bouledogues doivent toujours être tenus à l'attache et muselés.

En même temps que la loi impose aux propriétaires de chiens des obligations assez étendues, elle protège en certains cas ces animaux par des dispositions spéciales. La loi du 28 septembre 1791 prononce l'amende et la prison contre les individus qui, de dessein prémédité, ont blessé ou tué les chiens de garde. L'emprisonnement peut être de six mois, si l'animal est mort des suites de sa blessure, ou s'il est resté estropié. Le code pénal prononce également des peines d'emprisonnement, pouvant s'élever à six mois, contre la destruction volontaire des animaux domestiques appartenant à autrui. Enfin la loi du 2 juillet 1850, qui punit les individus qui auront exercé publiquement et abusivement de mauvais traitements envers les animaux domestiques, est venue apporter un surplus de protection légale à ces animaux.

LA TAXE SUR LES CHIENS

La loi du 2 mai 1855, afin d'ouvrir aux communes une source de recettes de nature à les aider dans l'exécution de travaux municipaux, a établi sur les chiens une taxe dont le produit entre tout entier dans la caisse communale. Cette taxe ne peut excéder 10 fr. ni être inférieure à 1 fr. Chaque conseil municipal dresse un tarif qui, après avoir été soumis à l'approbation du conseil général, est réglé en vertu d'un décret rendu en conseil d'Etat, le 4 avril 1855. Dans le cas où le conseil municipal ne présenterait pas de tarif, il serait statué d'office sur la proposition du préfet. L'imposition d'office aurait encore lieu si, le tarif étant dressé par la commune, le conseil général se séparait sans émettre son avis. Les tarifs ne comprennent que deux taxes : la plus élevée porte sur les chiens d'agrément ou servant à la chasse; la moins élevée porte sur les chiens de garde, et en général sur tous ceux qui ne sont pas compris dans la même catégorie.

Du 1er octobre de chaque année au 15 janvier de l'année suivante, tous ceux qui possèdent des chiens sont tenus de faire à la mairie une déclaration indiquant le nombre de leurs chiens et les usages auxquels ils sont destinés. Ces déclarations sont inscrites sur un registre spécial tenu par les soins du maire, et il en est donné aux déclarants un reçu détaché de la souche. Ceux qui ont fait une déclaration antérieurement au 1er janvier sont obligés d'en faire une seconde si, avant le 15 janvier, dernier délai des déclarations, il est survenu quelque changement dans le nombre et la destination de leurs chiens. Du 15 au 31 janvier, le maire et les répartiteurs, assistés du percepteur en tant que receveur municipal, rédigent un état de personnes imposables. Du 1er au 15 février, le percepteur adresse au directeur des contributions directes des états qui doivent servir de base à la confection des rôles. Cette confection, leur mise à exécution et leur publication, la distribution des avertissements et le recouvrement des taxes ont lieu comme en matière de contributions directes. Les personnes imposées doivent acquitter la taxe par portions égales, en autant de termes qu'il reste de mois à courir à dater de la publication des rôles. Les frais d'impression relatifs à l'assiette de la taxe, ceux de la confection des rôles, de la confection et de la distribution des avertissements sont à la charge des communes.

La taxe est due pour tous les chiens possédés au 1er janvier, excepté pour ceux qui à cette époque sont encore nourris par la mère. Assimilée aux impôts directs, la taxe municipale est établie pour l'année entière, c'est-à-dire qu'elle continue à être due, alors même que les bases sur lesquelles elle repose cessent d'exister dans le courant de l'année. Lorsque le contribuable imposé décède pendant le cours de l'année, ses héritiers sont redevables de la portion de taxe restant à acquitter.

En cas de déménagement hors du ressort de la perception, la taxe est immédiatement exigible pour la totalité de l'année courante.

Sont passibles d'un accroissement de taxe : 1° celui qui, possédant un ou plusieurs chiens, n'a pas fait de déclaration dans les délais prescrits ; 2° celui qui a fait une déclaration incomplète ou inexacte, la taxe est quadruplée dans le premier cas, et triplée dans le second.

Divers arrêts du conseil d'État ont établi la distinction existant entre les chiens d'agrément et les chiens de garde. D'après sa jurisprudence, il n'est pas nécessaire qu'un chien, pour être considéré comme étant de garde, soit constamment attaché ; il suffit que sa destination apparaisse d'une façon évidente, et qu'elle s'explique soit par la profession de l'individu qui le possède, soit par les conditions d'habitation où le contribuable se trouve placé.

Les réclamations en matière de taxe municipale sont présentées, instruites et jugées dans les mêmes formes que les réclamations en matière de contributions directes. Elles peuvent être faites sur papier libre, à moins que la taxe dont il s'agit ne dépasse la somme de 30 francs ; dans ce cas, elles doivent être rédigées sur une feuille de papier timbré de 0 fr. 50. Les chiens servant à conduire les aveugles sont exempts de tout impôt.

La loi du 2 mai 1855 a été conçue et votée dans un excellent but. Il est évident que le législateur s'est proposé de réaliser une mesure d'ordre tout autant qu'une mesure fiscale, et si les administrations municipales apportaient à l'exécution de cette loi une attention sérieuse, on verrait disparaître un grand nombre de chiens errants qui sont pour la sécurité publique un danger permanent, danger que les ordonnances de police ne peuvent pas toujours prévenir.

INTELLIGENCE ET INSTINCT (1)

> Les animaux sont incapables de suivre une loi morale, ce sont des substances aveugles; tandis que l'homme est une substance douée de la conscience d'elle-même, qui se perfectionne en liberté, et qui marche par sa propre impulsion vers une vie meilleure et immortelle. On ne peut confondre les deux espèces : celle qui rampe obscurément dans les horizons de la matière, et celle dont la sublime ambition tend au ciel.
>
> *Magasin pittoresque.*

Il nous a semblé intéressant, à la fin de cet ouvrage, de faire connaître les idées de quelques écrivains sur l'instinct des animaux et sur ce qui distingue l'instinct de l'intelligence.

(1) Il est curieux de connaître l'opinion des anciens sur l'intelligence des animaux. Pythagore prétendait que les âmes des hommes passaient, après leur mort,

L'instinct est ce sentiment intérieur, indépendant de la réflexion, qui dirige les animaux dans leur conduite; chez l'homme, c'est le premier mouvement qui précède la réflexion. L'instinct est un don particulier aux animaux, qui les porte à exécuter certains actes sans avoir la notion de leur but; à employer des moyens toujours les mêmes, sans jamais chercher à en créer d'autres, ni à connaître les rapports qui existent entre les moyens et le but.

L'instinct diffère de l'intelligence en ce que celle-ci réside essentiellement dans la variabilité des moyens qu'elle emploie, tandis que, dans l'instinct, tout est aveugle, nécessaire et invariable; c'est, pour ainsi dire, une habitude innée et héréditaire, sans aucune altération. Il y a donc une immense différence entre l'instinct des animaux et l'intelligence de l'homme. L'homme peut s'instruire et profiter de ce qu'ont fait les autres avant lui, les animaux en sont incapables; l'expérience que l'un d'eux pourrait parfois acquérir n'est utile qu'à celui-là seul et ne peut être mise à profit par les autres. Tout ce que l'homme sait faire est le produit de l'étude et de la réflexion; les animaux n'étudient ni ne réfléchissent jamais. Leur habileté ne vient pas d'eux, mais du Créateur qui l'a mise en eux sans qu'ils le sachent.

« Le caractère qui distingue surtout les actions instinctives, dit Milne Edwards, de celles que l'on peut appeler intelligentes ou rationnelles, c'est de ne pas être le résultat de l'imitation et de l'expérience, d'être exécutées toujours de la même manière et, selon toute apparence, sans être précédées de la prévision ni de leur résultat, ni de leur utilité. La raison suppose un jugement et un choix; l'instinct, au contraire, est une impulsion aveugle qui porte naturellement l'animal à agir d'une manière déterminée : ses effets peuvent être quelquefois modifiés par l'expérience, mais ils n'en dépendent jamais. »

dans les corps des animaux et réciproquement. Les disciples d'Aristote donnaient aux animaux une âme sensitive, par opposition aux hommes, doués d'une âme raisonnable. Pour Descartes, les animaux n'étaient que de véritables automates, de pures machines, et cette opinion était un des remparts de sa philosophie.

« Les animaux les plus parfaits, écrit de son côté Cuvier, sont infiniment au-dessous de l'homme pour les facultés intellectuelles, et il est cependant certain que leur intelligence exécute des opérations du même genre ; ils se meuvent en conséquence des sensations qu'ils reçoivent ; ils sont susceptibles d'affections durables ; ils acquièrent par l'expérience une certaine connaissance des choses, d'après laquelle ils se conduisent, indépendamment de la peine et du plaisir actuels, et par la seule prévoyance des suites. En domesticité, ils sentent leur subordination, savent que l'être qui les punit est libre de ne pas le faire, prenant devant lui l'air suppliant quand ils se sentent coupables ou quand ils le voient fâché. Ils se perfectionnent ou se corrompent dans la société de l'homme ; ils sont susceptibles d'émulation et de jalousie ; ils ont entre eux un langage naturel, qui n'est à la vérité que l'expression de leurs sensations du moment ; mais l'homme leur apprend à entendre un langage beaucoup plus compliqué, par lequel il leur fait connaître ses volontés et les détermine à les exécuter. »

En un mot, on aperçoit dans les animaux supérieurs un certain degré de raisonnement avec tous ses effets bons ou mauvais, et qui paraît être à peu près le même que celui des enfants lorsqu'ils n'ont pas encore appris à parler. Mais terminons ce sujet par une réflexion utile. Malgré une foule de qualités qui révèlent dans le chien une organisation supérieure à celle de beaucoup d'autres animaux, gardons-nous cependant de confondre ces instincts, si merveilleux qu'ils soient, avec cette faculté sublime que nous appelons l'intelligence. Celle-ci, Dieu l'a réservée à la créature par excellence, à son œuvre de prédilection, à l'homme ; mais cet immense privilège entraîne une immense responsabilité : parce qu'il a été donné beaucoup à l'homme, il lui sera beaucoup demandé. Le chien, avec tout son instinct, ignore même qu'il existe. L'homme le sait, et il sait en outre qu'il ne sera pas toujours. Il sait où il est, sous l'œil de Dieu ; d'où il vient, du néant ; où il va, dans le sein ou hors du sein de Dieu.

Créature éminemment intelligente, il aura un jour à répondre de ses actes, et ce souvenir devrait le préserver à jamais de toute action et de toute pensée indignes.

LE ROMAN DE FOLLETTE

La société protectrice des animaux a décerné, à sa dernière séance de distribution de récompense, une médaille d'or à M. Aurélien Scholl, pour la charmante chronique qu'on va lire et que nous avons extraite d'un récit plus long.

Follette était une petite chienne noire à poils ras, de l'espèce des ratiers anglais. C'est la race la plus amusante et la plus remuante qui soit au monde. Vive comme la poudre, toujours en mouvement, curieuse, affairée, Follette, qui n'était guère plus grosse qu'un lapin de garenne, eût rempli une maison à elle seule. Elle montait et descendait l'escalier vingt fois par heure, allant de la chambre au salon, du salon à la cuisine, flairant partout, sautant sur les genoux de toute personne qu'elle croyait disposée à la caresser quelques instants. Il fallait qu'elle vît tout ce qui se passait, qu'elle se rendît compte de chaque chose. Dès le matin, au retour du marché, elle savait, en trois aspirations de son petit museau noir comme une trufle, ce qu'il y avait le soir pour dîner.

On lui avait à peine coupé les oreilles, pour sacrifier à la mode, et, quand elle dressait les deux petits cornets à tabac placés aux extrémités de son front carré, cela lui faisait la plus drôle de figure qu'on puisse imaginer.

Follette avait coûté cinq cents francs, ni plus ni moins, à

M. Gontier, banquier à Orléans, qui en avait fait cadeau à sa fille Alice. On eut bientôt noué connaissance. La mignonne petite bête s'attacha tout de suite à sa maîtresse ; on ne pouvait voir l'une sans l'autre. Le choix d'un collier fut toute une affaire. Mlle Alice se décida pour un collier composé d'une double chaîne d'acier réunie par une plaque sur laquelle elle fit graver son nom et son adresse ; un petit grelot d'argent fixé à l'une des mailles, tintait joyeusement à chaque mouvement de Follette. Le soir, Mlle Alice lui ôtait son collier, qui l'eût génée pendant la nuit, et le lendemain Follette, appuyant ses deux pattes sur les genoux de sa maîtresse, tendait elle-même le cou pour reprendre les insignes qui lui allaient si bien.

Follette couchait dans la chambre de sa maîtresse ; on lui avait fait un lit moelleux avec un morceau de tapis soigneusement plié au fond d'une corbeille d'osier.

L'hiver, dès que la petite chienne, après avoir tourné plusieurs fois sur elle-même, s'était couchée en rond, le museau appuyé sur son arrière-train, Mlle Alice la recouvrait d'un jupon devenu trop court, et qui remplissait le double emploi d'édredon et de rideau.

Le dimanche matin, il y avait un crève-cœur. Mlle Alice allait à la messe avec sa gouvernante, Mme Gontier étant morte depuis plusieurs années. Or on n'ignore pas que l'entrée de l'église est interdite aux chiens de toute race et de toutes dimensions.

Quand Follette voyait sa maîtresse s'éloigner, elle poussait des cris déchirants ; Alice la consolait de son mieux, l'embrassant et lui passant la main sur le dos, en disant : « A tout à l'heure ! » Mais la mignonne petite bête avait le cœur gros. Elle se réfugiait sous un fauteuil, et faisait entendre de petits gémissements qui indiquaient sa douleur.

Mais aussi quelle joie quand sa maîtresse rentrait. Follette faisait des bonds prodigieux pour arriver jusqu'à sa figure ; elle tournait et gambadait ; c'était presque du délire. Une mère qui revoit son fils qu'elle croyait mort n'a pas de transports plus touchants.

Cette demi-heure qu'avait duré la messe était un siècle pour Follette. Retrouver sa maîtresse après une si longue séparation, elle ne pouvait croire à tant de bonheur ! Elle jappait et elle riait à la fois. L'hôtel qu'occupait M. Gontier était bâti entre cour et jardin. Dans la belle saison, Follette se plaisait à courir dans l'herbe ; elle poursuivait les papillons avec une ardeur qui eût excité la jalousie d'un lévrier d'Écosse. Si le vent chassait une feuille sur le sable de l'allée, Follette courait après la feuille et la rapportait gravement à Mlle Alice. La petite chienne avait une haute idée de ses devoirs ; elle ne laissait traîner dans la maison ni un bouchon ni une boule de papier.

Un jour, en entrant dans un magasin, Alice s'aperçut qu'elle avait perdu son porte-monnaie. Elle eut beau tourner et retourner ses poches, le porte-monnaie n'y était plus.

La marchande s'avisa que Follette tenait quelque chose à la gueule, si tant est qu'on puisse appeler gueule la petite bouche terminée en pointe par laquelle Follette happait sa pâtée.

C'était le porte-monnaie que la fidèle compagne de Mlle Alice avait ramassé sur le trottoir. Un biscuit et beaucoup de caresses furent la récompense de son zèle.

Quatre années s'écoulèrent de cette bonne vie de province. Mlle Alice avait dix-neuf ans quand M. Gontier se trouva subitement ruiné.

M. Gontier quitta Orléans et vint, avec sa fille, se fixer à Paris, où il espérait trouver un emploi. Il lui restait à peine quelques milliers de francs.... Alice n'avait pas voulu se séparer de Follette ; elle était la compagne de l'infortune, comme elle avait été celle des heureux jours. Deux petites pièces au cinquième étage, sur la cour, remplaçaient l'hôtel et le jardin d'Orléans.... Alice dépérissait de jour en jour ; le chagrin de voir souffrir son père la tuait à vue d'œil. Un soir de novembre, elle s'alita pour ne plus se relever. Une fièvre intense la minait ; une toux opiniâtre déchirait sa poitrine.... Follette ne quitta pas le pied du lit de sa maîtresse ; quand une des mains de celle qu'elle chérissait pendait un instant hors du lit, Follette allait la lécher tendrement.

« Pauvre petite bête! murmura un soir Alice, que deviendras-tu après moi?...

Et des larmes silencieuses coulèrent sur son visage pâle et amaigri.

Le lendemain, Alice était morte. Au moment où la vie abandonna sa maîtresse, Follette ressentit au fond du cœur comme quelque chose qui se brisait. Elle sauta sur le lit, promena son petit museau noir sur la figure de la morte, la flairant, cherchant à se rendre compte de ce qui se passait.

Deux hommes apportèrent un cercueil en bois blanc. On y coucha la fille de l'ex-banquier, puis on cloua les planches par dessus.

M. Gontier, sanglotant dans son mouchoir, accompagna le corps de sa fille. Follette seule le suivait, abîmée, le nez penché sur le pavé.

Quelques jours plus tard, M. Gontier mourut, et Follette se trouva complètement abandonnée. Un matin, le concierge, l'apercevant, dit avec dureté :

« Ah! c'est *leur petit chien!* Comprend-on cela : des gens qui n'avaient pas de pain pour eux et qui se donnaient les airs de garder une bête? »

Il se baissa et détacha le collier, dont il espérait tirer quelques sous. Cela fait, il allongea un grand coup de pied à la pauvre Follette, en disant d'une voix terrible :

« Allez-vous en! On n'a pas besoin de vous ici pour salir les escaliers. »

Le coup était si rude que la pauvre Follette roula sur le pavé et fit deux ou trois tours sur elle-même.

Une fois remise sur ses pattes, elle se demanda avec angoisse où elle allait se réfugier. L'eau coulait d'une fontaine voisine; elle s'approcha du ruisseau pour calmer sa soif, et là elle se contempla avec terreur. Quel changement s'était opéré en elle! Qu'était devenu le temps où l'on craignait que quelqu'un ne la volât pour la vendre? Elle n'avait plus que la peau sur les os, et quelle peau! Il y avait plus d'un mois que sa maîtresse n'avait pu s'occuper d'elle et faire sa toilette; son poil, autrefois lustré, était rude et sale. Elle avait barboté dans la boue du cimetière et ne pouvait inspirer que du dégoût. La misère ne lui allait pas.

Follette prit alors la résolution d'aller mourir sur le tombeau de sa maîtresse. Retrouverait-elle le chemin du cimetière? Oui, plus tard, quand il y aurait moins de passants et de voitures.

Elle se réfugia derrière une porte cochère, dans un petit coin obscur où elle se pelotonna de son mieux; pas si bien toutefois que la concierge ne l'aperçût quand elle vint fermer la porte.

« Allez-vous en, allez!... »

Et encore un coup de pied.

Après avoir erré de rue en rue, Follette put s'approcher d'un tas d'ordures qu'elle fouilla avidement du museau et des pattes. Elle, autrefois si difficile, — elle à qui l'on offrait des morceaux de biscuit de Reims trempés dans du lait et qui faisait quelquefois la dédaigneuse, — elle fut bien heureuse de trouver une tête de hareng saur et un vieil os de côtelette! Elle dévora; puis se remit en route, cherchant à s'orienter.

Vers cinq heures du matin, deux hommes passèrent.

« Qu'est-ce que c'est que ça? dit l'un d'eux.

— Un petit chien perdu.

— Il n'a pas de collier....

— Oh! alors.... »

Follette se sentit prise dans les mailles d'un filet. On l'en retira pour la jeter dans une charrette où se trouvaient déjà sept ou huit chiens, de pauvres hères, tous aussi maigres qu'elle, sinon davantage. Deux ou trois avaient d'horribles maladies, de grandes places rouges sur le dos. Un autre avait les yeux couverts d'une croûte. C'était la cour des miracles de la race canine.

La charrette roula, recevant de temps en temps un nouveau prisonnier.

La fourrière. — Une grande cour. Des cages garnies de grilles. Dans le mur, de gros clous où l'on pend des chiens. Ils erraient sur la voie publique. Les vagabonds de toute sorte sont un danger pour la société. Pauvres bêtes, qui n'avaient d'autre tort que de n'avoir pas su trouver à placer leur dévouement !

Mais le chien doit aussi payer une cote personnelle. Pas de maître, pas d'impôt.

Les chiens sans maître sont des malheureux. Le code qu'on leur applique ne connaît qu'une peine : la mort.

Qu'importait à Follette, puisqu'elle avait résolu de mourir? La pendaison ne l'effrayait pas outre mesure. Un spasme de quelques instants, et tout serait dit.

Elle fut interrompue dans ses réflexions par l'arrivée d'une voiture à bras que poussait un homme à la trogne avinée. Il jeta un regard sur les hôtes de la fourrière, en prit cinq ou six par la peau du cou et les jeta dans son tombereau.

« Ces messieurs en voudraient un petit pour une nouvelle expérience, dit-il à l'un des gardiens.

— Eh bien, voilà ! répondit celui-ci en désignant Follette.

— Ma foi, oui, fit l'homme. »

Il saisit Follette et l'envoya rejoindre les autres ; après quoi, il fit retomber le couvercle de son tombereau et se mit à rouler....

Le trajet fut long.

La charrette s'arrêta enfin devant un édifice d'un aspect lugubre.

On fit monter Follette avec les autres, et, au bout d'une heure environ, on la poussa dans une pièce où se trouvaient des tables devant lesquelles cinq ou six messieurs, sans habit, les manches retroussées, se tenaient debout.

Tout à coup Follette se sentit saisie par une main vigoureuse. Elle fut jetée sur une table. On lui fixa les membres à quatre clous, après avoir préalablement serré son pauvre petit museau dans une forte corde....

Pour se donner du courage, elle songea à sa maîtresse; le gracieux profil de la gentille Alice lui apparut comme dans un songe. Elle l'eût défendue, la chère enfant, contre les ciseaux et contre la scie des tourmenteurs; mais la mort l'avait prise la première!

L'opérateur avait ouvert la gorge de Follette; il lui mit ensuite les entrailles à nu....

Il n'en fallait pas tant. La pauvre petite bête avait déjà trop souffert; ses yeux se fermèrent à jamais....

« Les vivisections, dit Littré, sont indispensables aux progrès de la physiologie, et par conséquent de la médecine, comme à ceux de la chirurgie. Par conséquent, elles rentrent dans les nécessités cruelles imposées à l'homme par la fatalité de sa condition et celle du monde. Mais elles doivent être faites avec réserve, et il faut éviter dans ce genre d'études tout ce qui peut leur donner un caractère de cruauté. Elles doivent toujours avoir pour but un progrès bien déterminé de la science ou de l'art. »

Eh bien! c'est ce qui n'est pas. On fait de la vivisection un abus criminel; six cent cinquante chiens ont été livrés, cette année, aux tenailles et aux écraseurs. Sans doute, les souffrances des lapins, des chats, des hérissons, des pigeons déchiquetés tout vifs par l'opérateur sont les mêmes que celles du chien. Il y a cependant cette différence que le chien est notre ami, bien plus, notre allié. Il nous garde, il nous signale le danger, il combat avec nous, il nous aime. C'est un transfuge qui a quitté les rangs des animaux pour se mettre du côté de l'homme. Garrotté sur la table de vivisection, il sait très bien qu'on le tue; il assiste à sa longue agonie, se demandant quand elle finira et pourquoi on la lui impose. Le plus souvent il a léché la main de son bourreau!

Qu'on épargne au moins les chiens, ces amis de nos enfants,

ces défenseurs de nos foyers. S'il en faut absolument, qu'on en prenne deux, qu'on en prenne dix par an ; mais qu'on ne se fasse pas un passe-temps des souffrances horribles d'un animal qui, après tout, vaut mieux que bien des hommes.

C'est pour plaider cette cause que j'ai écrit le roman d'une chienne.

Un dernier mot.

Une communication importante a été faite dernièrement à l'Académie de médecine. Un savant chimiste, dont la France s'honore, M. Pasteur, pense avoir trouvé un remède contre la rage. Il en préserverait au moyen d'une vaccination. Il fait à l'homme, ou à l'animal atteint par la terrible maladie, trois inoculations de virus rabiques de différents degrés ; c'est-à-dire que la première inoculation est faite avec un virus très faible, et la troisième avec un virus très fort. L'homme ou l'animal ainsi traité serait préservé et ne serait plus susceptible de contracter la rage.

Puissent les espérances de M. Pasteur se réaliser, et l'on pourra dire alors, sans crainte de se tromper, que le chien est le meilleur ami de l'homme !

NOTA. — Arrivée à la fin de notre petit travail, nous voulons remercier les divers écrivains auxquels nous avons emprunté certains détails qui nous semblaient devoir intéresser nos jeunes lecteurs. Nous n'avons pas toujours nommé les auteurs, parce que nous nous sommes permis quelquefois d'abréger ou de résumer les textes. En tout cas, qu'ils reçoivent ici l'expression de notre reconnaissance.

SUPPLÉMENT

Nous avons cité, dans le cours de cet ouvrage, un grand nombre de faits curieux se rapportant à la race canine, et certes, nous sommes loin d'avoir épuisé le sujet. Nous allons, dans ces pages, réparer plusieurs oublis et faire connaître l'instinct merveilleux, nous allions dire l'intelligence, de quelques autres animaux. Nos jeunes lecteurs ne se plaindront pas de ce complément, car les détails que nous donnons, les anecdotes que nous racontons (1) ne pourront que leur plaire et les intéresser vivement.

FAITS CURIEUX ET ANECDOTES SE RAPPORTANT AUX ANIMAUX

L'abbé Champy, savant archéologue, avait un petit cheval dont il se servait depuis plusieurs années dans ses excursions scientifiques, et qui, par une intelligence merveilleuse, s'arrêtait de lui-même devant tout monument en ruines.

L'éléphant offre des exemples surprenants de compréhension

(1) Nous en avons emprunté plusieurs à un livre intitulé : *Les animaux raisonnent*, par Alfred de Nore.

et de mémoire. Ainsi l'on remarque que les cornacs obtiennent un redoublement de zèle de la part de cet animal, en lui promettant pour récompense les friandises qu'il aime le plus. Mais il faut alors que la promesse engagée soit tenue religieusement; car la mémoire de l'éléphant est telle, en effet, que si l'on néglige de tenir avec lui la parole qu'il a reçue, on s'expose à toute sa fureur.

Jean Faber cite un chien qui, ayant fourré sa tête dans un grand pot à graisse pour le lécher au fond, et se trouvant pris dans ce pot, tâcha d'abord d'en sortir tout doucement, en faisant agir ses pattes, car la gourmandise n'avait point étouffé en lui la crainte du châtiment. Cependant, n'ayant pu se dégager de cette sorte de piège, il finit, dans un moment de désespoir et de résolution, par le frapper d'un grand coup qui le brisa.

Cette crainte dont nous venons de parler et qui dénote si bien l'existence de la mémoire, est si puissante, en général, sur le chien, qu'il est fort rare qu'il touche aux aliments qui le tentent le plus, même en l'absence de toute espèce de témoin; et s'il lui arrive de succomber dans cette épreuve et de dérober un morceau, il s'enfuit, épouvanté de son action, se cacher dans la solitude.

Le chien qui court devant une voiture, s'arrête à un chemin bifurqué, et attend que les chevaux prennent la bonne direction, par la crainte qu'il éprouve de s'engager dans la mauvaise.

Le chien qu'on a dressé à faire des commissions, à aller seul chez tel ou tel fournisseur, ne se trompe jamais d'adresse, et lorsqu'on ne lui remet pas ce qu'il a coutume de venir chercher, il le témoigne par des signes.

Dans plusieurs parties du Brésil, il est des troupeaux qu'on laisse errer des journées entières, sans autre surveillant qu'un chien. Celui-ci ne s'éloigne jamais de la troupe qui lui est confiée, et se priverait de nourriture plutôt que de l'abandonner.

Lorsque la perdrix et l'alouette voient le chasseur et son chien s'approcher de leur nid, elles s'en éloignent aussitôt en feignant de boiter, pour les tromper sur leur gîte et les attirer loin de lui.

Les pies construisent à la fois plusieurs nids assez rapprochés les uns des autres, afin de mieux cacher celui qui contient véritablement leur famille.

Quand le merle est caché dans un buisson qui domine un fossé et que le chasseur s'approche de lui, il se laisse aussitôt glisser au fond du fossé, et s'enfuit à une certaine distance sans faire le moindre bruit. Ce n'est que lorsqu'il a placé un intervalle convenable entre lui et le chasseur qu'alors il remonte dans le buisson et s'envole ouvertement en faisant entendre des cris rauques.

Le chevreuil que les chasseurs ont fatigué, court d'abord en zigzag pendant quelques instants; puis il s'élance tout à coup de côté, d'un énorme bond, et se blottit derrière un buisson.

Là, il attend que les chiens l'aient passé. Lorsqu'il y a danger pour ses petits, la femelle les cache soigneusement, et se fait poursuivre dans une direction opposée à leur retraite. Elle ne revient près d'eux qu'après avoir fait d'innombrables détours.

On rapporte que des lièvres serrés de près par les chasseurs vont se mêler à un troupeau de moutons pour faire perdre leur trace. Enfin, après mille détours, ils ne rentrent dans leur gîte qu'en s'y précipitant par un saut prodigieux, ce qui rompt la voie aux chiens.

L'écureuil tourne toujours autour du tronc de l'arbre à mesure que l'homme se montre à lui, en sorte que ce tronc se trouve constamment entre lui et le chasseur qui le poursuit.

Win Kell rapporte qu'étant en embuscade à la chasse, près d'un endroit où l'on avait placé un piège et semé plusieurs morceaux de viande, un renard vint, qui mangea de suite le premier morceau, puis le second. Au troisième, il prit quelques précautions et s'arrêta tout court près du quatrième. Néanmoins, après quelques instants d'hésitation, il saisit encore ce morceau.

Mais arrivé non loin du dernier, ses craintes devinrent plus vives ; il le regarda à plusieurs reprises en allongeant la patte et en la retirant, en fit plusieurs fois le tour et combattit longtemps avant de prendre une résolution. Enfin, la convoitise l'emporta sur la prudence : il s'élança d'un seul bond sur le morceau de viande et se prit au piège qu'on lui avait tendu.

Lorsque cet animal est poursuivi à outrance, il lui arrive

L'écureuil tourne toujours autour de l'arbre à mesure que l'homme se montre à lui.

fréquemment de contrefaire le mort, soit avec les chiens, soit avec les chasseurs. On a vu de ceux-ci qui avaient porté plusieurs heures un renard dans leur gibecière, le croyant sans vie, et qui en avaient tout à coup été mordus au moment où il s'échappait de sa prison.

Un fait qui est aussi très digne de remarque, c'est que les corneilles, les pies et les étourneaux connaissent parfaitement si l'homme qui les approche n'est porteur que d'un bâton, ou s'il est armé d'un fusil. Dans le premier cas, ils se mettent peu en peine de sa venue; dans le second, ils savent très bien calculer la distance, et ne prennent jamais la fuite avant qu'on puisse les ajuster à une portée convenable. Il y a donc ici, d'abord, appréciation du mal que produit l'arme, puis de sa portée, et de l'impuissance du chasseur lorsqu'il est dépourvu de cet instrument de mort.

Si les animaux sont ingénieux dans les précautions qu'ils prennent pour se soustraire à la poursuite de leurs ennemis, ils ne se montrent pas moins adroits dans les moyens qu'ils emploient lorsqu'ils deviennent chasseurs eux-mêmes ou qu'il s'agit de s'approprier de la nourriture.

L'astuce du renard est tellement connue, qu'elle est passée en proverbe.

Les oiseaux, les insectes font usage de mille ruses pour attirer leur proie.

Lorsque l'ours, renfermé dans le fossé du Jardin des plantes, voit que l'on s'amuse à ses dépens en baissant et retirant la ficelle à laquelle est attaché un morceau de pain, il affecte une sorte d'indifférence qui empêche alors le plaisant de se tenir sur ses gardes, et c'est au moment où ce dernier pense que l'ours ne songe plus au morceau de pain qui se balance à sa portée que l'animal se jette dessus. Ce manège, tout à fait dans les habitudes de l'homme, se remarque également chez le singe et le chien.

Le loup attaque sa proie à force ouverte dans les bois, et s'en empare par surprise dans le voisinage des habitations.

L'ours et le renard qui se saisissent pendant la nuit d'un animal qu'ils ne peuvent manger tout entier, ont le soin d'en cacher ou d'en enterrer les restes pour les reprendre lorsqu'ils ont faim.

Le cheval qui arrive à deux chemins dont l'un lui est connu, prend toujours celui-ci de préférence, parce qu'il entrevoit dès lors un gîte et un repas.

L'écureuil, qui rassemble des provisions pendant l'été pour

l'hiver, au lieu de les renfermer dans un même endroit, les sépare dans des lieux différents.

A l'époque de leur migration, les oiseaux voyageurs se réunissent, à *jour fixe*, sur un seul point, où ils arrivent de distances souvent fort éloignées. Si le raisonnement n'existait pas en eux, s'ils n'avaient pas des moyens pour mesurer le temps, un langage pour se communiquer leurs projets, comment pourrait-il se faire que des milliers d'individus fussent exacts au rendez-vous, et surtout en un lieu qui n'est pas toujours le même chaque année ?

Les animaux savent mesurer le temps, puisqu'ils ont des heures fixes pour aller chercher leur nourriture, des époques régulières et des jours marqués pour quitter une contrée ou pour y arriver.

On rapporte, au sujet de cette exactitude des oiseaux dans leur retour à *jour fixe* aux lieux qu'ils ont précédemment habités, que les cigognes arrivent en Espagne dans le mois de février, le jour de la Saint-Blaise, et en repartent le jour de la Saint-Jean. L'époque de leur retour est tellement précise, qu'un prêtre de campagne ne voulut point commencer la messe le jour de la Saint-Blaise avant d'avoir vu paraître la cigogne qui faisait son nid dans le clocher.

Les chevaux, habitués à recevoir leur avoine à une heure déterminée, hennissent lorsque cette heure est arrivée. La même chose a lieu chez le bœuf et la vache, chez les chiens et les animaux de ménagerie.

Les chiens qui partent pour la chasse à une heure fixe, témoignent toujours une vive impatience lorsque cette heure est arrivée.

On a souvent habitué des souris, des crapauds et des araignées à venir à des heures réglées chercher de la nourriture.

Un chien basset, faisant partie d'une meute, était toujours repoussé de la gamelle où il devait manger avec ses compagnons. Mais chaque fois aussi que cela arrivait, il sortait dans la cour et aboyait, ce qui faisait accourir aussitôt les autres chiens pour crier avec lui, et pendant que ceux-ci continuaient leurs clameurs, le basset s'empressait de retourner seul à la gamelle.

Frédéric Cuvier cite un jeune orang-outang qui, perché sur un arbre et voyant quelqu'un s'approcher pour y monter aussi, se mit à secouer cet arbre pour effrayer le nouveau venu. « Le singe concluait évidemment ici, fait observer le professeur, de lui aux autres. Plus d'une fois l'agitation violente des corps sur lesquels il s'était trouvé placé l'avait effrayé ; il concluait donc de la crainte qu'il avait éprouvée à la crainte que devaient éprouver les autres, et d'une circonstance particulière, il se faisait une règle générale. »

Le même animal ayant placé une chaise près d'une porte pour l'ouvrir, on la lui retira. Il alla en chercher une seconde. Cela prouve, à n'en pas douter, qu'il s'était parfaitement rendu compte de l'objet qui lui était nécessaire pour s'élever à la hauteur de la chose qu'il voulait atteindre.

Dans son roman des *Eaux de Saint-Ronan,* Walter-Scott rapporte un fait qu'il donne pour exact et qui date de 1773.

« Un nommé Madison, habitant de la vallée de Tweed, avait organisé, avec son berger Millar, un système de vol dans les troupeaux de ses voisins, dont le chien de berger était l'instrument. Ce chien, qui s'appelait Garrow, s'introduisait la nuit dans les lieux où se trouvaient les troupeaux, enlevait chaque fois une espèce, et revenait ensuite, par des chemins détournés, au logis de ses maîtres. Le plus remarquable dans la conduite de cet animal, c'est que, lorsqu'il advenait qu'il rencontrât à son retour Madison ou Millar en compagnie d'un étranger, il continuait sa route sans paraître le moins du monde se trouver en connaissance avec celui qui l'employait. »

A Naples, un éléphant servait de manœuvre à un maçon, en lui apportant de l'eau dans une grande chaudière. Ayant remarqué que toutes les fois que cette chaudière était percée d'un trou on la portait chez un chaudronnier, il y alla de lui-même,

Cigognes.

un jour qu'elle fuyait, et attendit qu'elle fût raccommodée.

Un autre éléphant fut blessé dans une guerre. Après avoir été conduit à l'hospice, où sa blessure fut pansée, il y retourna seul. Il fallut lui brûler sa plaie; et cependant, malgré la douleur qu'il ressentit, il ne témoigna que de l'affection au chirurgien.

M. Thiébaut de Bernaud nous a fait connaître l'intelligence d'un chien qui volait journellement de l'argent pour l'apporter à son maître, vieux et malade. Lorsqu'il voyait de l'argent entre les mains d'un enfant, il parvenait toujours à s'en emparer, après avoir cajolé celui qui le tenait dans ses mains. Dès qu'il entendait sur un point quelconque le bruit des écus, il trouvait aussi le moyen d'y pénétrer et d'en escamoter un.

Un docteur avait apprivoisé un renard, auquel il laissait une très grande liberté dans la journée, ne prenant d'autre précaution que de le faire attacher pendant la nuit. Mais cet animal, s'étant aperçu qu'il pouvait facilement se débarrasser de son collier et le remettre seul, s'avisa alors de déserter chaque nuit pour aller exercer son métier de maraudeur. Toutefois, il avait la plus scrupuleuse attention de ne point s'en prendre ni au poulailler de son maître, ni à celui de ses voisins, et ce n'était qu'au loin qu'il mettait en œuvre son industrie. Néanmoins, celle-ci eut bientôt un terme. Divers méfaits amenèrent à soupçonner le coupable; on le soumit à la surveillance, et l'on ne tarda point à découvrir son manège.

Les animaux sont doués, à un puissant degré, de la faculté de s'orienter. En outre du chien, qui est merveilleusement servi en cela par son odorat, on peut citer, pour exemple, les oiseaux en général, et particulièrement le pigeon et les espèces émigrantes.

Le pigeon, qu'on transporte à plusieurs centaines de lieues de son colombier, y retourne de lui-même dès qu'on lui rend la liberté, et parcourt dans un jour une énorme distance. Dès qu'il jouit de cette liberté, il s'élève d'abord à une très grande hauteur perpendiculaire; puis il décrit plusieurs cercles pendant lesquels il s'assure de la direction qu'il doit suivre, et dès qu'il a saisi celle-ci, il s'élance comme un trait.

Le cheval n'est pas moins surprenant que le chien, par la facilité avec laquelle il revient au logis, lors même qu'il a une très grande distance à franchir et qu'il doit se diriger par des chemins qui lui sont inconnus. On raconte à ce sujet que, lors de la bataille de Maupertuis, gagnée par le prince Noir sur le roi Jean, un vivandier anglais fut pillé et tué par les archers poitevins, qui lui prirent entre autres un petit cheval nommé Capdy, qu'il avait élevé et avec lequel il partageait son pain et sa couche. Ne pouvant s'accoutumer à vivre sans son fidèle compagnon, Capdy s'échappa des mains des Français, traversa, on ne sait comment, le Pas-de-Calais, et regagna la chaumière de son maître, située à sept lieues de Douvres. Là il se mit à hennir pour appeler le vivandier; mais ne le voyant point paraître, il refusa la nourriture que lui offrirent des voisins, et mourut de douleur au bout de quelques jours.

Les animaux pressentent aussi, d'une manière fort remarquable, les moindres variations de l'atmosphère; et les signes constants qu'ils donnent de ses variations, ont fourni une série de pronostics aux agriculteurs. Dans les contrées chaudes du monde, les ouragans et les tremblements de terre sont annoncés par le mugissement des troupeaux et l'inquiétude et les plaintes des animaux domestiques.

La perception, à grande distance, de certaines émanations, est également une propriété surprenante chez l'animal, et notamment chez les insectes.

Enfin, les animaux sont pourvus, ainsi que l'homme, d'une sagacité qui leur fait discerner les plantes propres à leur servir de remèdes.

LE LANGAGE DES ANIMAUX

Chez les animaux, chaque espèce a un langage particulier, au moyen duquel les individus communiquent ensemble, débattent leurs projets, arrêtent leurs résolutions. S'il en était autrement, les animaux qui vivent en société ne sauraient accomplir leurs travaux avec la régularité admirable qui les distingue; les oiseaux voyageurs ne pourraient se réunir à jour fixe et sur un même point pour le départ; la mère serait privée de faire connaître l'approche du danger à ses petits; tous les animaux, enfin, se trouveraient dans l'impossibilité de réaliser les actes d'où dépend la durée de leur existence. Le Créateur, heureusement, n'a produit aucune œuvre imparfaite, aucune organisation incomplète, et l'animal, aussi bien que l'homme, a les moyens de pourvoir à sa nourriture, à son habitation, à sa défense et à ses relations sociales.

Buffon fait observer que les hirondelles de cheminée ont le cri d'assemblée, celui du plaisir, de l'effroi, de la colère, et enfin celui par lequel la mère avertit sa couvée du danger.

« Les observations qui prouvent que les bêtes ont un langage naturel, dit Bonnet, sont en grand nombre. Que veulent dire les sons lugubres de cette poule d'Inde? Voyez ses petits se cacher et se tenir tapis à l'instant. On les dirait morts. La mère regarde vers le ciel et redouble de gémissements. Qu'y découvre-t-elle ? Un point noir que nous avons peine à démêler, et ce point noir est un oiseau de proie, qui n'a pu tromper la vigilance et la pénétration de cette mère instruite de loin par la nature. L'ennemi disparaît : la poule pousse un cri de joie; les alarmes cessent, les petits ressuscitent, et les voilà tous rendus auprès de leur mère et à leurs plaisirs. »

Dans le grand danger, le lièvre jette un cri perçant qui exprime la frayeur dont il est saisi. Sa femelle appelle ses petits en faisant claquer ses oreilles.

Le cerf aux abois verse des larmes et pousse des gémissements qui ressemblent à ceux d'un enfant.

Lorsqu'un izard, un chamois ou une marmotte aperçoit l'ennemi, il pousse un cri retentissant qui fait fuir à l'instant tout le troupeau dont il fait partie et dont chaque individu est une sentinelle vigilante.

L'*yrax capensis* habite dans les fentes des rochers et sur le rivage, au cap de Bonne-Espérance. C'est un animal timide et qui vit en famille. Lorsqu'il fait beau, il va prendre l'air sur les lieux les plus élevés, et alors le plus âgé de la bande fait la garde et donne le signal du danger par un cri aigu et prolongé.

La belette promène ses petits et pousse de temps à autre des cris fort doux qui semblent les engager à ne point s'éloigner et à se tenir sur leurs gardes. Au moindre soupçon de danger, elle laisse échapper un son plus perçant qui rassemble sa famille auprès d'elle, et dès que l'assurance du péril lui est acquise, elle fuit avec les siens en continuant des grognements sourds qui sont une sorte d'appel, pour qu'aucun imprudent n'apporte du retard dans sa retraite.

Il en est de même de la souris avec sa nichée; seulement, celle-ci ne manque jamais de faire rentrer tous ses petits dans son trou avant d'y pénétrer elle-même, et ce n'est qu'après s'être retournée plusieurs fois et avoir bien calculé l'importance du danger qui la menace qu'elle s'enfuit à son tour.

Le loriot, dès qu'il aperçoit le chasseur, fait entendre des sons d'abord peu sensibles, et qui vont toujours croissant jusqu'à l'instant où il prend la fuite.

L'oie sauvage, qui vit en troupe, a toujours des sentinelles qui jettent le cri d'alarme; il en est de même du corbeau et de plusieurs autres espèces d'oiseaux.

Départ des Hirondelles.

Il advient quelquefois des à-propos assez singuliers de la facilité qu'ont plusieurs espèces d'oiseaux de répéter nettement des phrases qu'elles ont entendues. On raconte qu'un voleur, s'étant emparé un jour d'un perroquet, ne tarda pas à le lâcher,

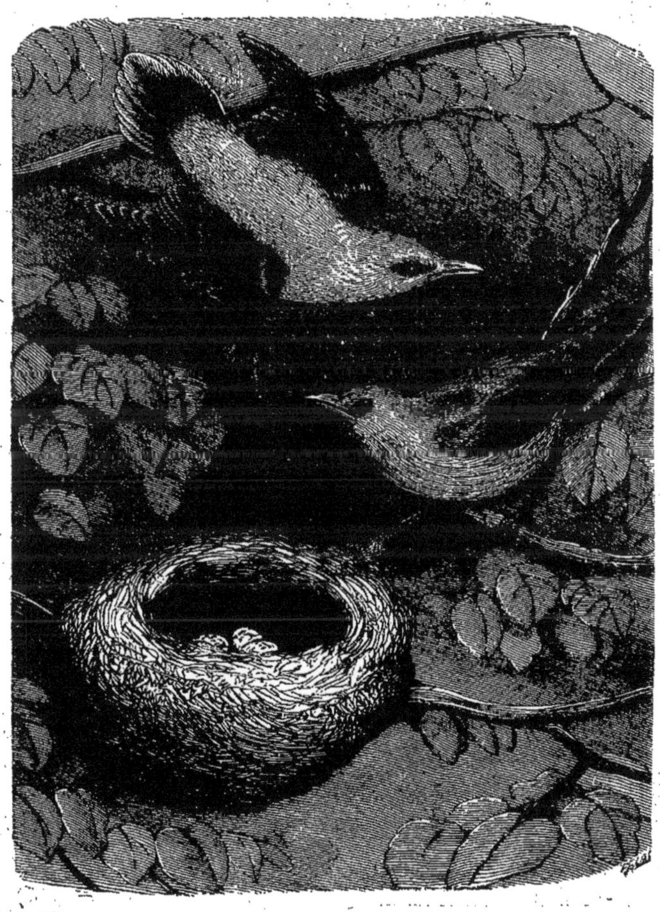

Loriots.

tant il fut effrayé de ce que cet animal criait à tue-tête : *A la garde! à la garde!* Il est constant d'ailleurs que les perroquets qui ont appris à parler, savent utiliser, dans certains cas, les mots ou les phrases qui leur ont été enseignés. Ainsi, l'on entend fréquemment ces oiseaux appeler par leur nom, à leur passage, les gens qu'ils connaissent; on en a vu qui demandaient de l'eau lorsque effectivement ils en manquaient, et l'on en cite un qui appelait toujours la servante de la maison lorsqu'il apercevait le chat s'introduire dans la pièce où était sa cage.

Macrobe rapporte qu'Auguste ayant acheté fort cher plusieurs oiseaux auxquels on avait appris à parler, ce ne fut plus que marchands de pies et de corbeaux qui l'assaillaient de tous côtés pour lui vanter la science de leurs élèves. Auguste fut bientôt importuné de cet entourage, et résolut dès lors de repousser tous les perroquets et les corbeaux qu'on lui présenterait. Un jour qu'un corbeau avait répété sur son passage une belle phrase, il répondit : « J'ai déjà chez moi beaucoup trop de ces complimenteurs. » Mais il advint que le corbeau répliqua vivement : « Ma peine et mon temps sont perdus. » Et cet à-propos, qui fit rire Auguste, le décida à faire encore l'emplette de ce nouveau babillard. Le corbeau avait répété par hasard, mais fort opportunément, en effet, une phrase qu'il avait entendue fréquemment sortir de la bouche de son professeur, lorsque celui-ci se trouvait mécontent de son aptitude.

L'ÉLÉPHANT

L'éléphant approche de l'homme par l'intelligence, autant que la matière peut approcher de l'esprit. BUFFON.

L'éléphant est connu de toute antiquité. Sa masse énorme, l'étrangeté de ses formes, ses mœurs sociales, la douceur de son caractère, les services qu'il est susceptible de rendre, les produits qu'on en retire — les défenses de l'éléphant fournissent l'ivoire, — tout cela a dû attirer sur lui de bonne heure l'attention des hommes.

Les oreilles de cet animal sont très grandes, aussi a-t-il l'ouïe d'une finesse extrême; ses yeux sont très petits mais vifs. La trompe, qui n'est qu'un prolongement du nez, constitue le principal caractère de l'éléphant. Au moyen de sa trompe, qui lui sert de bras et de main, l'éléphant peut saisir et enlever les plus petites choses, les porter à la bouche, les poser sur son dos, etc. C'est avec sa trompe qu'il prend sa nourriture et sa boisson; il se nourrit de substances végétales, et l'on pense qu'il peut vivre cent cinquante à deux cents ans.

Cet animal fait aisément, sans se fatiguer, soixante-dix kilomètres dans une journée, et peut accomplir le double de ce trajet lorsqu'il y est encouragé par un maître qu'il aime, ou par l'appât d'une récompense, ou enfin par l'appréhension d'un danger quelconque. Sa force est prodigieuse: on en a vu un porter avec les dents deux canons de fonte attachés ensemble et donnant un poids de six milliers. En 1835, on fit, dans les environs de Bombay, la chasse à deux éléphants qui résistèrent pendant plusieurs heures aux attaques d'une multitude d'assaillants et au feu de deux pièces d'artillerie. Après leur mort, on extraya vingt-neuf boulets de leurs blessures.

L'éléphant se sert de sa trompe avec tant d'adresse, qu'il débouche des bouteilles, ouvre une serrure à clef, défait des nœuds et enlève de terre les plus petites monnaies. Il aime les parfums et cueille des fleurs qu'il flaire longtemps. La plante qu'il affectionne le plus est l'oranger; lorsqu'il la rencontre, il commence par en savourer l'odeur avec délices, puis il dépouille l'arbre avec sa trompe, et mange également les feuilles, les fleurs et les fruits. Il éprouve aussi une grande passion pour la parure, et sa joie est manifeste lorsqu'on le recouvre de harnais dorés et de housses brillantes. Lorsqu'il ne peut se baigner, il remplit sa trompe d'eau et se lave tout le corps en l'arrosant. Il jette de la poussière sur sa peau pour en écarter les insectes, ou bien il s'éventille avec des branchages ou de la paille.

L'usage d'employer les éléphants à la guerre est venu des peuples de l'Asie. Alexandre l'introduisit dans son armée après la défaite de Porus. Les Carthaginois excellèrent surtout dans l'art de dresser ces animaux au combat, et les succès qu'ils durent à ces auxiliaires contre les Romains, obligèrent ceux-ci à modifier leur ordre de bataille, et à renoncer surtout à leur disposition en *échiquier*, qui offrait trop de prise à l'abord de ces forteresses mouvantes. Les éléphants de guerre portaient des espèces de tours, dans lesquelles étaient placés de huit à dix combattants. Non seulement l'animal s'avançait courageusement vers l'ennemi et portait au milieu de ses rangs la petite garnison qui était établie sur son dos, mais il devenait aussi un redoutable adversaire, foulant aux pieds tous ceux qui cherchaient à lui résister, et sa trompe, elle seule, détruisait plus d'ennemis que ne l'eût fait une compagnie de cent archers. C'était aussi un spectacle imposant et terrible que de voir les éléphants de deux partis opposés entrer dans une lutte corps à corps, faire voler en éclats tout l'attirail dont ils étaient couverts et retentir les airs de leurs cris de fureur. L'éléphant apportait, dans cette circonstance, l'adresse, la force et l'ardeur qu'on lui voit déployer dans ses actes privés, et la réunion de ces facultés produisait à la guerre des résultats aussi épouvantables que décisifs.

Un éléphant qui en voulait à son cornac, le foula sous ses pieds et le tua. La femme de ce cornac, témoin de cet affreux événement, adressa, au milieu des sanglots du désespoir, les plus vifs reproches à l'animal, et lui dit, en lui présentant ses enfants, d'assouvir sur eux aussi sa fureur, puisqu'il les a rendus orphelins et réduits à la misère. L'éléphant paraît écouter avec attention les paroles de la pauvre veuve; puis, saisissant tout à coup avec sa trompe le plus âgé des enfants, il le place sur son dos, et dès ce moment ne veut plus souffrir d'autre cornac.

Il y avait autrefois, au Jardin des plantes de Paris, un éléphant qu'on menait chaque jour à la rivière pour l'y faire boire et se baigner. Durant le trajet, en allant, les enfants adressaient des injures ou des plaisanteries à cet animal, sans que celui-ci en parût aucunement occupé; mais chaque fois, au retour, il arrosait cette marmaille de l'eau qu'il avait conservée dans sa trompe,

Éléphant et son cornac.

jugeant cette vengeance suffisante avec des adversaires aussi peu redoutables pour lui.

Une sentinelle ayant empêché quelqu'un de donner à manger à un éléphant d'une ménagerie, celui-ci s'approcha du militaire lorsqu'il était sans méfiance, lui enleva son fusil et le brisa.

Paris et la province ont vu l'éléphant Kiouny, qui jouait sur le théâtre, où il était le héros d'une pièce arrangée exprès pour faire valoir son intelligence. Cet éléphant dansait, jouait de la trompette, tirait un coup de pistolet, se plaçait à une table où il se servait avec beaucoup d'aisance, et donnait, d'un air de grand seigneur, ses assiettes sales à des laquais.

Voici un trait curieux qui a été consigné dans l'*Oriental Annual*, gazette publiée à Calcutta. Un vaste magasin de riz se trouvait, un jour, n'avoir pour surveillants que deux Indiens. Une troupe d'éléphants sauvages se présenta devant le bâtiment, et les deux Indiens, effrayés, se réfugièrent sur un arbre. Toutefois, le magasin n'avait point de porte, et la seule ouverture qui permît de s'y introduire était pratiquée dans le toit. Grand fut donc d'abord l'embarras des éléphants lorsqu'après avoir fait, à plusieurs reprises, le tour de la forteresse, ils virent qu'une épaisse muraille régnait sur toute l'étendue. Ils ne se découragèrent point. L'un d'eux, d'une taille colossale, attaqua le premier l'un des angles du bâtiment à l'aide de ses énormes défenses; lorsqu'il fut épuisé, un autre lui succéda, et ainsi de suite jusqu'à ce qu'une ouverture convenable fût établie. Vingt de ces robustes assaillants avaient battu le mur en brèche. Mais au lieu d'entrer tous à la fois dans le magasin, ils n'y pénétrèrent que par escouades; le surplus de la bande faisait la garde au dehors.

Un cri aigu, poussé par l'un de ces derniers, donna l'alarme et fit prendre la fuite à toute la troupe. La sentinelle avait aperçu un détachement de cipayes qui revenait prendre son poste au magasin, mais qui y arrivait trop tard.

Dans la bataille qui se livra sur le bord de l'Hydaspe et qui mit fin à la puissance de Porus, l'éléphant de ce prince seconda avec un courage inouï les efforts désespérés de son maître, et quoique couvert de mille blessures, il combattit jusqu'à ce que la mort mît un terme à son courage. Cet éléphant, qu'on nommait Ajax, ayant vu tomber le roi à terre, sans connaissance, s'empressa, avec une touchante sollicitude, de lui arracher du corps, l'un après l'autre, les dards dont il était percé; il mit en fuite les Macédoniens qui s'étaient précipités vers Porus pour se saisir de sa personne, et, à l'aide de sa trompe, il parvint à le replacer sur son dos. Mais ce triomphe ne fut pas de durée, et le redoutable Ajax roula bientôt sur la poussière.

Dans un engagement que les Anglais eurent avec des Indiens, en 1828, un détachement de soldats s'était particulièrement acharné après un éléphant dont la charge annonçait des richesses. L'animal s'était longtemps défendu avec courage, sans reculer; puis tout à coup il s'était fait jour à travers ses assaillants et avait fui. On s'était mis à sa poursuite, et quelques cavaliers entre autres, commandés par un officier, le serraient de très près. L'éléphant allait toujours son train, paraissant se soucier assez peu de livrer un nouveau combat; cependant, il s'était retourné une fois, avait saisi l'officier, et, le retenant fortement avec sa trompe, avait ainsi continué son chemin, laissant bien en arrière les cavaliers, qui se rebutèrent enfin et revinrent sur leurs pas, abandonnant ainsi leur chef. L'éléphant regagna droit l'habitation de son maître, et y déposa l'officier qui n'avait d'autre mal que celui qu'avait pu lui causer la peur. Voilà donc cet officier prisonnier. Mais il advint aussi que le maître de l'éléphant se trouva pris par les Anglais, en sorte que sa famille put obtenir un échange; ce qui n'aurait pas eu lieu, peut-être, sans la singulière conduite de l'éléphant.

Un éléphant se trouvait enfermé dans une enceinte, au milieu de laquelle on avait pratiqué un bassin rempli d'eau. L'animal se tenait du matin au soir près des barreaux qui entouraient cette enceinte, parce que les curieux, qui y venaient en grand nombre, ne manquaient guère de lui apporter des friandises. Un jour qu'il était à ce poste, il eut la visite d'un jeune homme qui, au lieu de lui témoigner de l'intérêt comme tout le monde, se mit au contraire à lui faire des grimaces et à l'injurier. L'éléphant sut dissimuler d'abord le ressentiment qu'il éprouvait de cette conduite; mais, profitant d'un moment où son provocateur n'était pas sur ses gardes, il lui enleva son chapeau. Toutefois, il ne le foula point aux pieds et le garda simplement entre ses jambes. Le cornac était absent. Le jeune homme ne put donc réclamer son chapeau; mais il commença à se répandre en imprécations contre l'animal ; puis, après les menaces, vint une sorte de désespoir causé par la perte du chapeau. L'éléphant, pendant toute cette scène, n'avait pas perdu un seul instant son imperturbable gravité ; néanmoins, lorsqu'il vit l'explosion du chagrin de son visiteur, il parut se raviser : il prit le chapeau, alla le tremper dans l'eau du bassin, et, revenant aux barreaux, lança ce chapeau à la figure du jeune homme, bornant là toute sa vengeance.

LA SOURIS DE TRENCK

La nécessité rend l'homme industrieux, et il sait tirer parti des moindres choses, soit pour sa subsistance, soit pour adoucir les horreurs de sa captivité. Tout le monde connaît les malheurs du baron Frédéric de Trenck, qui, après avoir passé sa vie en diverses prisons, est venu mourir sur un échafaud à Paris, où il croyait trouver la liberté (1794).

« Nous ne passerons point sous silence, dit l'auteur de sa vie, un dernier trait, qui ferait connaître comment on peut trouver quelque calme et d'innocents plaisirs au milieu même des agitations du plus cruel désespoir. Il était parvenu à apprivoiser une souris à un tel point, qu'elle venait au premier commandement et qu'elle mangeait dans sa main. Une nuit que le baron avait fait quelque mouvement, la garde fut alarmée ; car on se souvenait qu'à l'aide de son couteau seul il avait scié ses chaînes, et qu'il avait ouvert quatre portes de sa prison. La garde avertit donc sur-le-champ l'officier, qui prit l'alarme et fit d'exactes recherches. Le plancher, les portes, les murs, les chaînes du prisonnier, ses vêtements, tout fut sévèrement examiné; mais rien n'était dérangé, et tout se trouvait en bon état.

» On lui demanda la cause du bruit que l'on avait entendu; il raconte naïvement l'histoire de sa souris qu'il avait perdue, et qu'il avait enfin retrouvée après s'être donné beaucoup de mouvement pour la chercher autour de lui. On lui dit de la faire venir. Au premier coup de sifflet, elle accourt et saute sur son épaule. Alors l'officier de garde s'en empare, pour en faire présent à quelqu'un. La souris, qui ne reconnut point cet homme pour son maître, s'enfuit soudain, retourna à la porte du cachot, et s'y blottit en dehors dans un coin, jusqu'à ce qu'on l'ouvrît.

» L'heure de la visite étant arrivée, on n'eut pas plus tôt ouvert la porte du cachot que la souris rentra et courut droit à son maître, à qui elle manifesta une joie extraordinaire. Le major, informé du retour de la souris, donne ordre qu'elle ne lui échappe cette fois-ci; il lui fait fabriquer une jolie cage à jour et fermée avec des fils d'archal, très rapprochés les uns contre les autres. Alors le pauvre petit animal, se voyant pris de tout côté et loin de son ami, ne voulut prendre aucune nourriture; il mourut de faim et de tristesse, le troisième jour de sa captivité et de sa cruelle séparation d'avec son maître désolé. »

L'ARAIGNÉE DE PÉLISSON

« Il est aussi laid qu'une araignée, » dit le proverbe. Toute laide qu'est l'araignée, elle a pourtant plus d'un panégyriste. Cet insecte, dit un auteur, que bien des personnes ont la faiblesse de craindre, ne devrait faire peur qu'aux mouches qui servent à sa nourriture. Il ne faut jamais juger des choses pour les avoir vues d'un seul côté.

Tout le monde connaît l'histoire du célèbre Pélisson, qui fut mis à la Bastille pour être demeuré fidèle à Fouquet, surintendant des finances, disgracié par Louis XIV. Pendant ces heures si longues aux malheureux isolés, dans la solitude d'une horrible prison, Pélisson n'avait pour délassement et pour consolation qu'une araignée ; il s'amusait à la voir filer, il chassait pour elle, il lui apportait des mouches ; il se disait à lui-même : « Je me venge du mal que font les hommes ; je fais du bien au seul être à qui je puis en faire. »

De son côté, l'araignée était reconnaissante ; elle aimait et suivait son bienfaiteur autour de sa chambre, elle connaissait le son de sa voix, et quand il l'appelait, elle venait se placer sur sa main. Pélisson et son araignée vivaient ainsi heureux dans leur solitude, lorsque le geôlier s'aperçut de l'innocent plaisir du prisonnier, et lui dit d'une voix terrible : « Vous vous amusez !... Est-ce pour cela que vous êtes en prison ?... N'êtes-vous pas honteux de vous lier ainsi avec une araignée ? Elle ne doit plus vivre, puisqu'elle vous plaît.... »

A ces mots, le bourreau écrasa l'industrieux insecte avec l'une de ses clefs. Quelle cruauté !

Pourrait-on refuser un léger éloge à l'araignée, surtout quand on voit que cet insecte donne des leçons à l'homme lui-même ?

Nous ne parlons pas ici de l'admirable industrie de cette filandière habile; rien n'est si commun que les talents; mais le bon cœur, mais la douce reconnaissance!... Oh! rien n'est si rare! rien de plus digne de nos hommages, même dans le plus petit et dans le plus obscur des êtres qui respirent.

« Lorsqu'une araignée vieillit, sa gomme épaissit, dit M. de Buffon, elle se sèche et n'est plus ductile; alors le pauvre animal ne peut plus former de toile, ni tendre de filets pour chasser et subsister; c'en est fait, elle mourrait de misère, sans le

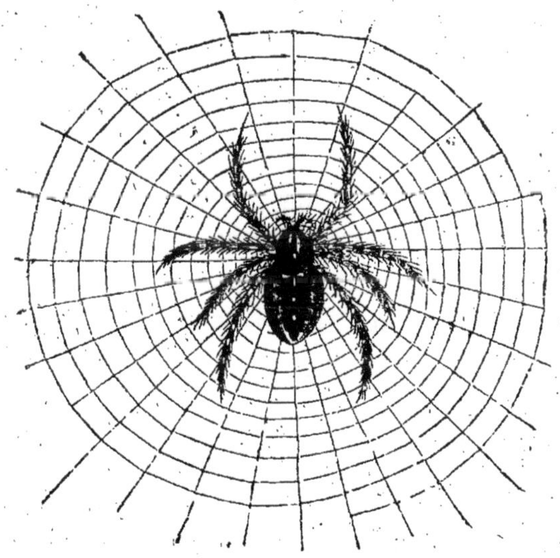

secours de ses enfants ou de ses sœurs. C'est alors que l'on voit une araignée jeune et vigoureuse céder ses réseaux à la pauvre impotente, et l'introduire dans sa maison pour aller s'établir un peu plus loin. »

« J'en ai même vu mainte et mainte fois, dit Hartchoèker, de toutes jeunes apporter des têtes de mouches à de pauvres vieilles qui étaient engourdies et sans forces au fond de leurs trous. Faut-il que les hommes manifestent si souvent un cœur barbare envers leurs semblables, tandis que le plus méprisé des insectes est hospitalier et sensible! »

Ce que l'on cite de la frugalité de l'araignée est surprenant.

Jean Francus, dans ses éphémérides d'Allemagne, rapporte qu'il prit une araignée de jardin, au mois de novembre, et qu'il la laissa sous un verre jusqu'à la fin d'avril ; alors il lui jeta un moucheron qu'elle dévora avec avidité. Une seconde mouche lui fut donnée seulement au mois d'avril, et malgré un si long jeûne, l'araignée allait et venait; elle fila un peu, et elle parut assez bien portante.

Il y a encore un préjugé fort accrédité sur l'araignée; on croit communément qu'elle empoisonne par son venin ; cependant elle est dévorée par le singe, qui en est très friand; les poules en font leurs délices; la fauvette et le rossignol lui-même les mangent quand ils en trouvent, et ils en nourrissent leurs petits. Bien plus, on rencontre des personnes qui y trouvent une saveur agréable, et de ce nombre était un célèbre astronome, M. de Lalande, qui gobait, dit-on, une grosse araignée comme une huître de Cancale.

Nous ne terminerons point l'histoire de l'araignée sans citer ici les beaux vers de M. Delille, sur celle qu'apprivoisa le célèbre Pélisson :

ÉLOGE DE L'ARAIGNÉE

Du triste Pélisson, pour comble de misère,
On avait retranché de son toit solitaire
Ses livres, ses travaux, et l'art consolateur
Qui confie au papier les sentiments du cœur.
Déjà, dans les langueurs de sa mélancolie,
Il sentait par degrés s'approcher la folie.
Pour tromper ses chagrins il invente un secret,
Frivole en apparence et puissant en effet.
Des milliers de ces dards, dont les pointes légères
Firent le lin flottant sur le sein des bergères,
Jetés sur ses lambris, ramassés tour à tour,
Trompaient dans sa prison les longs ennuis du jour.

Mais bientôt ce vain jeu ne fut qu'un soin pénible ;
L'être qui sent, lui seul console un cœur sensible.
Au défaut des humains, souvent des animaux
De l'homme abandonné soulagèrent les maux;
Et l'oiseau qui fredonne et le chien qui caresse,
Quelquefois ont suffi pour charmer sa tristesse.
L'infortune n'est pas difficile en amis,
Pélisson l'éprouva. Dans ces lieux ennemis,
Un insecte aux longs bras, de qui les doigts agiles
Tapissaient ces vieux murs de leurs toiles fragiles,
Frappe ses yeux! Soudain que ne peut le malheur?
Voilà son compagnon et son consolateur!...
Il l'aime, il suit de l'œil les réseaux qu'il déploie;
Lui-même va chercher, va lui porter sa proie.
Il l'appelle; il accourt, et jusque dans sa main
L'animal familier vient chercher son festin.
Pour prix de ses secours il charme sa souffrance;
Il ne s'informe pas, dans sa reconnaissance,
Si de ce malheureux caché dans sa prison
Le soin intéressé naît de son abandon.
Trop de raisonnement mène à l'ingratitude.
Son instinct fut plus juste; et dans leur solitude,
Défiant et barreaux, et grilles, et verrous,
Nos deux reclus entre eux rendaient leur sort plus doux,
Lorsque, de la vengeance implacable ministre,
Un geôlier au cœur dur, au visage sinistre,
Indigné du plaisir que goûte un malheureux,
Foule aux pieds son amie et l'écrase à ses yeux.
L'insecte était sensible, et l'homme était barbare!
Ah! tigre impitoyable et digne du Tartare,
Digne de présider au tourment du pervers,
Va, Mégère t'attend au cachot des enfers!
Et toi, de qui Pallas punit la hardiesse,
Mais à qui ton bienfait a rendu sa noblesse,
Dont peut-être l'instinct, dans ce mortel chéri,
Devinait des beaux arts l'illustre favori;
Arachné! si mes vers vivent dans la mémoire,
Ton nom de Pélisson partagera la gloire.
On dira ton bienfait, ses vertus, ses malheurs,
Et ton sort avec lui partagera nos pleurs.

L'AGAMI-TROMPETTE

ou le curieux surveillant de bébés.

Le Jardin des plantes a reçu, en guise d'étrennes, deux oiseaux très curieux et fort rares en Europe : deux *agamis*. Les savants appellent cet oiseau *agami-trompette*, probablement à cause de son cri, qui ressemble d'ailleurs, à s'y méprendre, à un roulement de tambour.

Quoi qu'il en soit, tambour ou trompette, l'agami est un des volatiles les plus intéressants que je connaisse.

Il est doué d'une rare intelligence — oui, je dis intelligence! — Dans les mers du Sud, il sert de berger à la gent emplumée. Il conduit les enfants à l'école et les ramène en les surveillant de très près, afin qu'ils n'aillent pas courir les champs ; s'ils se querellent ou s'ils se battent entre eux, l'agami donne un coup de son bec pointu sur les jambes du gamin, et la petite trace qu'y laisse la blessure servira à la maman à constater pourquoi les vêtements sont déchirés et pour quelle cause le jeune élève est rentré en retard au logis.

Et pourtant l'agami n'est pas plus gros qu'une poule ordinaire. Doux et facile à apprivoiser, j'en ai vu à Bahia et à Fernambouc qui vivaient absolument dans l'intimité de la famille, allant et venant dans la maison, comme les autres domestiques, quand leur mission ne les appelait pas au dehors.

D'ailleurs, au Brésil, les colons ont pour l'agami une sorte de respect ; à l'heure du repas de la maisonnée, le maître sert toujours le premier le gracieux animal. Il mange surtout de la viande, et plus particulièrement des cœurs d'animaux qui servent à l'alimentation de l'homme. Quand l'agami fait entendre son cri de colère, sorte de roulement, on peut se tenir sur ses gardes : il y a quelque chose qui ne marche pas bien dans la maison. Aussi est-il généralement détesté par les nègres, qui l'accusent d'aller tout rapporter à *massa*.

Agamis et oies.

TABLE

LES CHIENS DE GUERRE

LES CHIENS HISTORIQUES

LE CHIEN DE BERGER

CHIEN DE GARDE OU DE BASSE-COUR

LES CHIENS DE CHASSE

LES CHIENS SAVANTS

LES CHIENS DORLOTÉS

LES CHIENS ET LA POÉSIE

VARIÉTÉS DE CHIENS

LES CHIENS ET LES LOIS

SUPPLÉMENT

RÉAUMUR

LES INSECTES

1 vol. grand in-8° orné de 44 gravures

broché : 2 50

TABLE

INTRODUCTION. — Réaumur. — Histoire de quelques insectes. — Introduction. — Histoire des insectes mineurs. — Histoire des pucerons. — Les faux pucerons. — Histoire des mangeurs de pucerons. — Histoire des abeilles. — Les guêpes.

LES ANIMAUX HISTORIQUES

CHEVAUX, CHIENS, etc.

par B. H. RÉVOIL

in-8° — broché : 1 fr.

TABLE

Le cheval d'Alexandre. — Incitatus. — Le Cheval de Darius. — Le Cheval de Mazeppa. — Les Chevaux de bataille de Napoléon. — Phénix. — Les Chevaux de Méhémet-Ali. — Anecdotes. — Particularités historiques. — Les Anes de l'expédition d'Egypte. — Particularités historiques. — Le Chien d'Ulysse. — Les Chiens du mont Saint-Bernard. — Le Chien de Montargis. — Les Chiens de la Révolution. — Le Chien de lord Byron. — Le Chien du Louvre. — Moustache. — Le Chien du Bandjarra. — Particularités historiques.

LES ANIMAUX HISTORIQUES

LIONS, TIGRES, ÉLÉPHANTS, etc.

par le même

in-8° — broché : 1 fr.

TABLE

— Lille. Typ. J. Lefort. 1884 —

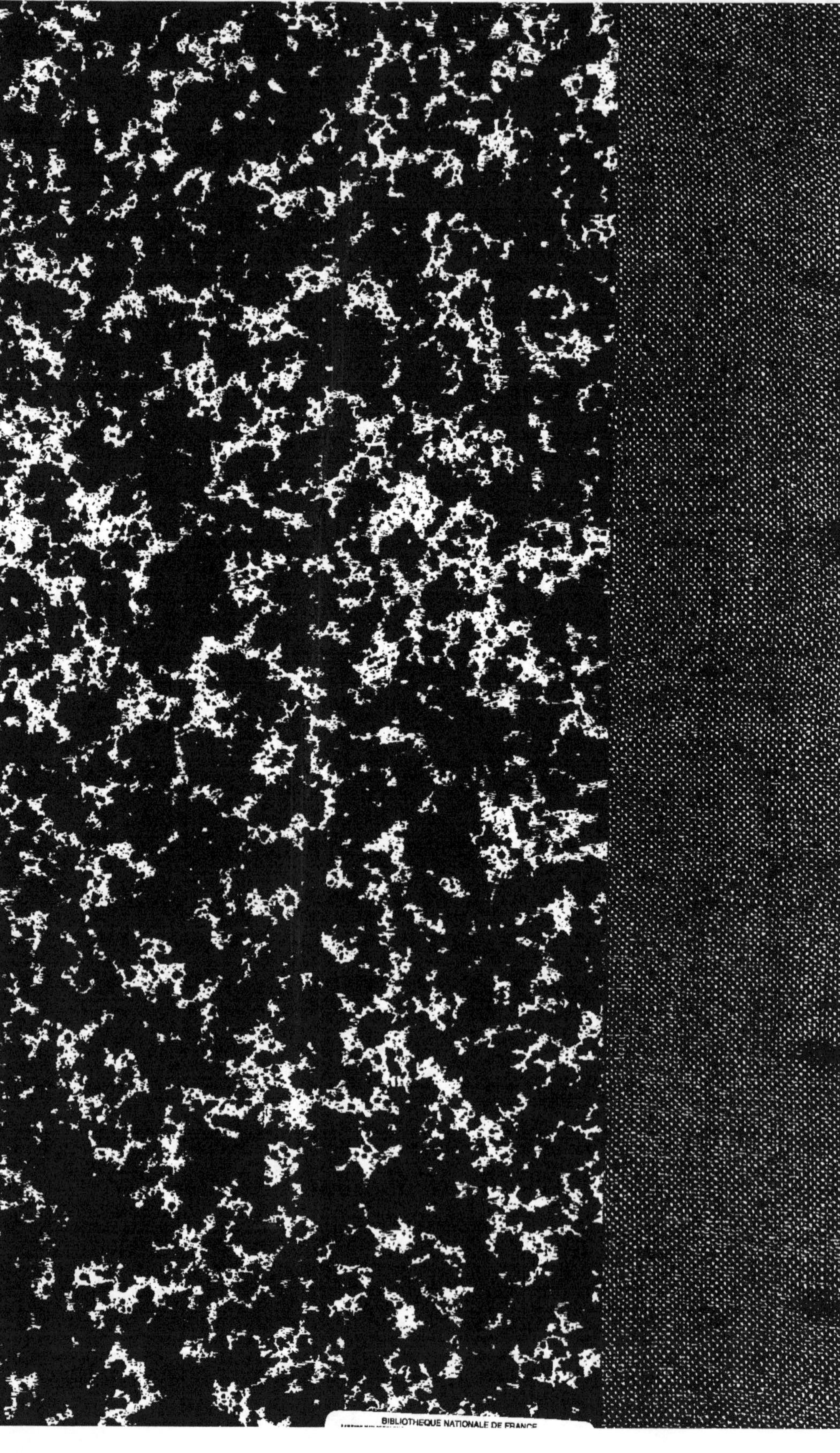

www.ingramcontent.com/pod-product-compliance
Ingram Content Group UK Ltd.
Pitfield, Milton Keynes, MK11 3LW, UK
UKHW020159250726
13967UKWH00003B/1165